★ 일러두기

책 속에 들어간 수학일기는 주니어김영사에서 실시한 제1회 수학 글짓기 대회 참가작과 글 저자 선생님의 제자들의 일기입니다. 편집 형식에 따라 지은이를 밝히기도 하고, 생략하기도 했습니다. 이점 양해해 주시기 바랍니다. 이 책에는 강현수 학생, 김남운 학생, 이수현 학생의 수학일기가 들어 있습니다.

수학 공부가 즐거워지는
수학일기 쓰기

1판 1쇄 발행 | 2011. 6. 7.
1판 7쇄 발행 | 2017. 12. 15.

이정 외 글 | 김상인 그림

발행처 김영사 | 발행인 고세규
등록번호 제 406-2003-036호 | 등록일자 1979. 5. 17.
주소 경기도 파주시 문발동 파주출판단지 515-1(우413-756)
전화 마케팅부 031-955-3102 | 편집부 031-955-3113~20 | 팩스 031-955-3111

좋은 독자가 좋은 책을 만듭니다. 김영사는 독자 여러분의 의견에 항상 귀 기울이고 있습니다.
독자의견전화 031-955-3139 | 전자우편 book@gimmyoung.com | 홈페이지 www.gimmyoungjr.com
어린이들의 책놀이터 cafe.naver.com/gimmyoungjr | 드림365 cafe.naver.com/dreem365

어린이제품 안전특별법에 의한 표시사항

제품명 도서 제조년월일 2017년 12월 15일 제조사명 김영사 주소 10881 경기도 파주시 문발로 197
전화번호 031-955-3100 제조국명 대한민국 ⚠주의 책 모서리에 찍히거나 책장에 베이지 않게 조심하세요.

수학 공부가
즐거워지는

수학일기
쓰기

이정 외 글 | 김상인 그림

주니어김영사

머리말

수학과 나를 이어 주는 친구,
수학일기

이 책을 쓰기로 마음먹고 제가 처음 한 일은 뭘까요? 바로 수학일기에 관한 다른 책을 찾아보는 것이었습니다. 하지만 웬걸? 서점에는 수학일기를 소개하는 책이 한 권도 나와 있지 않았습니다. 저와 제 주변의 사람들에게 수학일기 쓰기는 너무나 익숙한 활동이었기 때문에 조금 놀랐습니다. 돌아보니 저 역시 학교에서 아이들에게 수학일기를 쓰라고만 했지, 어떻게 생각하고 어떻게 쓰는지에 대해 구체적으로 알려주지 않았던 걸 깨달았습니다.

하는 수 없이 많은 발품을 팔았습니다. 학교 업무가 끝난 후 논문과 각종 자료를 찾고 또 찾고, 반 학생들에게 평소보다 더 적극적으로 수학일기를 쓰라고 이야기하고, 아이들의 일기 쓰는 태도와 변화를 관찰하며 부족한 부분을 채워 갔습니다.

궁하면 통한다고요? 맞습니다. 짜자잔~ 아이들이 수학일기 쓰는 모습이 달리 보였습니다. 어떻게 하면 학생들이 수학일기 쓰는

것을 즐거워할까, 수학일기를 통해 수학을 재미있어할까, 또 어떻게 지도하면 아이들이 수학적인 관점을 잘 키울 수 있을까에 대해 참 많이 고민했습니다.

우리나라 학생들에 대해 이야기할 때 늘 나오는 말은 수학 실력은 높지만 수학에 대한 호감도는 낮다. 즉, 잘하지만 싫어한다는 것입니다. 잘하면 좋아하고 좋아하니까 또 더 잘하려고 하는 것이 보통인데, 수학은 어느새 더 좋은 학교를 가기 위해 높은 성적을 받아야만 하는 과목이 된 것입니다.

수학의 재미를 모르면 당연히 그렇게 됩니다. 저는 수학 실력을 높이기 위해 수학일기를 쓰라고는 절대 말하지 않습니다. 수학이 즐겁다는 것을 아이들이 느끼게 해 주고 싶습니다. 수학은 배우고 생각하면 할수록 신비하고 재미있고 매력적인 과목입니다. 그런 재미를 느낄 수 있으려면 수학으로 생각하고 수학으로 말하고 수학으로 표현할 수 있어야 합니다. 그러려면 수학일기를 써야 합니다.

《수학일기 쓰기》는 수학일기가 무엇인지, 어떻게 써야 하는지, 어떤 것을 써야 하는지에 대해 상세하게 안내해 주는 지침서입니다. 여러분이 이 책을 통해 수학적인 생각을 가질 수 있게 되어 수학 시간이 즐겁고 행복하게 되기를 기대해 봅니다.

2011년 5월 대표 저자 이 정

1장

수학일기가 뭐지?

2장

수학일기 본격 탐구!

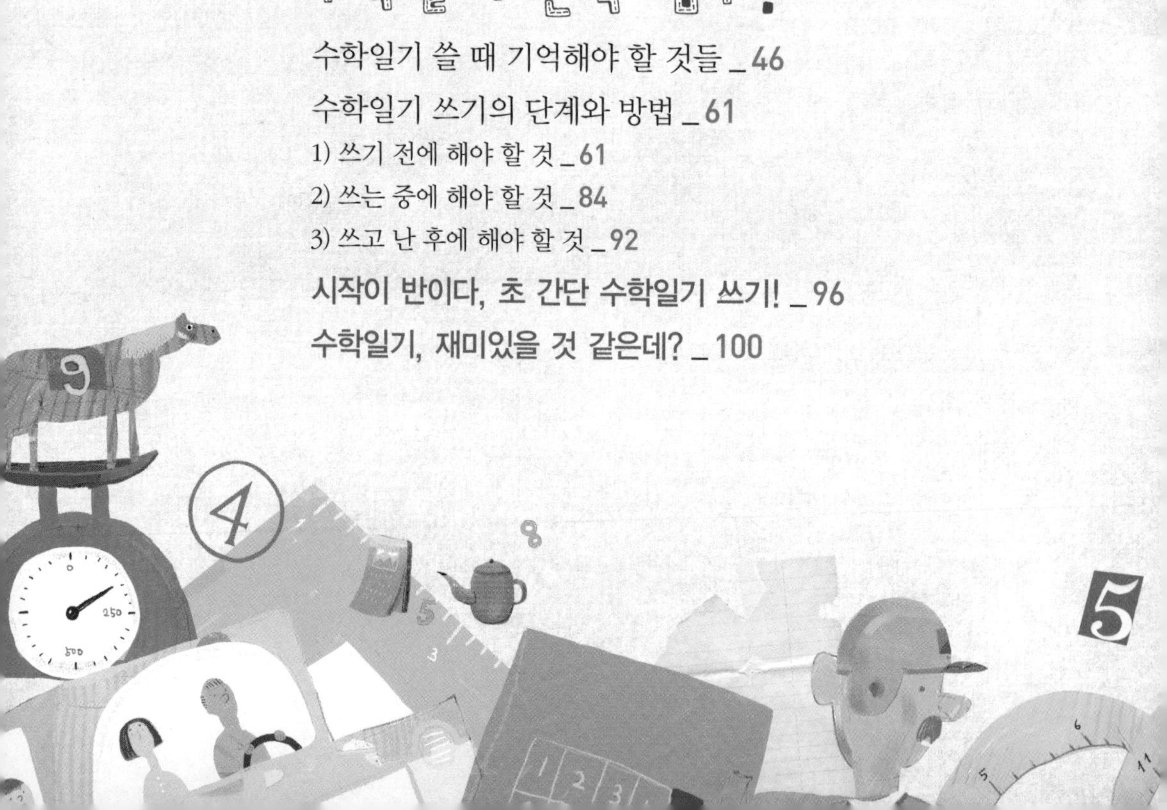

1장

수학일기가 뭐지?

수학일기가 뭐예요?

안녕? 친구들? 수학일기에 대해 알고 싶어서 이 책을 펼쳤지? 난 1교시를 맡은 박 샘이야. 만나서 반가워. 내 소개를 잠깐 할게. 선생님은 초등학교에서 여러분 같은 친구들을 직접 가르치기도 하면서 교육청 영재교육원에서 수학 영재 학생들을 대상으로 응용수학을 지도하고 있어.

여러분 중에는 수학일기란 말을 들어 본 친구도 있고, 직접 써 본 친구도 있겠지만, 이런 용어를 처음 들어 본 친구들도 아마 있을 거야. 일기도 쓰기 힘든데, 거기에 수학이란 말까지 붙으니까 더 끔찍하다고? 하지만 절대 아니야. 수학일기는 일기보다 훨씬 쓰기 쉽고 재미있어.

일기는 조금만 게으름을 피워도 밀리기 쉽고, 한번 밀리면 지겹고 부담스러운 숙제가 돼 버리지? 특히 방학일기는 더더욱 그렇고. 하지만 수학일기에 '일기'가 붙었다고 오해하지 말 것! 장

담하건데 수학일기는 그 어떤 수학 공부보다 재미있고 자기한테 딱 맞는 맞춤식 수학 활동이 될 수 있단다. 수학일기는 담임선생님이 내 주는 숙제로 쓰는 일기보다는 친구들끼리 돌려 보면서 낄낄거리는 비밀 일기처럼 유쾌한 일기가 될 거야.

수학일기란 수학에 관련된 내용을 소재로 자신이 겪은 일이나 생각이나 느낌을 기록하는 활동을 말해. 수업 시간에 배운 수학 공부 내용을 써도 되고, 집, 학원, 가게 등 어디에서나 수학이 응용된 것을 발견했다면 그것을 소재로 수학일기를 써도 좋아. 한마디로 수학을 소재로 해서 일기처럼 쓰는 것이지. 그러니까 여러분이 잘 아는 '일석이조, 꿩 먹고 알 먹고, 도랑 치고 가재 잡고, 마당 쓸고 돈 줍고' 인 셈이지. 또 하나의 수학 공부 방법이 아니라, 수학을 좀 더 가까이, 친근하게 느끼게 하는 방법이 바로 수학일기야. 백문이 불여일견! 친구들이 쓴 수학일기를 보면 수학일기가 무엇인지 확실하게 감을 잡을 수 있어.

2010년 8월 31일 〈희민이의 일기〉

날씨 : 비가 왔다가 해님이 나왔다가 함

제목 : 500원과 100원과 50원

오늘의 수학일기 : 하드보드지를 사러 문구점에 갔는데 하드보드지가 한 장에 500원이란다. 나는 아주머니께 1000원을 드렸다. 아주머니는 500원짜리가 없다며 나에게 500원짜리 동전 1개 대신 100원 짜리를 5개 주셨다.

100원이 5개 있으니까 100원×5=500원이다.

배운 것 응용문제 : 만약 아주머니한테 100원 짜리도 없고 50원 짜리만 있다면 동전이 몇 개나 필요할까?

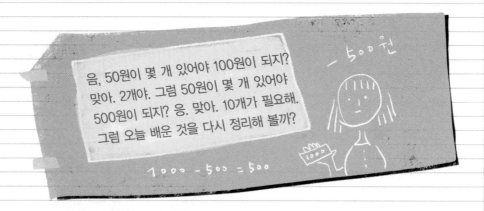

음, 50원이 몇 개 있어야 100원이 되지? 맞아. 2개야. 그럼 50원이 몇 개 있어야 500원이 되지? 응. 맞아. 10개가 필요해. 그럼 오늘 배운 것을 다시 정리해 볼까?

1000 - 500 = 500

이 친구는 수업 시간에 배운 내용을 활용해서 수학일기를 썼어. 여기서 조금 더 생각해 봐. 만약 우리 생활에서 곱셈이 없어진다면 세상은 어떻게 될까? 곱셈이 사라진 뒤죽박죽 세상을 상상해 보면 재미있지 않니?

자, 처음 접한 수학일기에 대한 소감이 어때? 너무 쉽다고? 이 정도는 당장이라도 쓰겠다고? 맞아. 수학일기는 쓰는 사람의 눈높이에 따라, 배우는 수준에 따라, 인상 깊은 내용에 따라 다양하게 쓸 수 있어. 그러면 이런 수학일기는 어떨까?

2011년 3월 20일

제목 : 과자 가격 비교

오늘 엄마와 과자를 사러 마트에 갔다. 내가 먹고 싶은 과자 1봉지(200g)의 가격은 700원이었는데, 옆에 보니 그 과자를 5봉지씩 묶어 3,420원에 판매한단다. 단, 5봉지씩 묶어 파는 과자는 1봉지에 190g씩 들어 있다고 적혀 있었다.

엄마는 묶음 과자가 싸다고 카트에 담으려고 하셨는데, 내가 과자 1g의 가격을 비교해 보고 더 싼 쪽을 사자고 말했다. 엄마도 그러자고 하셔서 함께 계산을 해 보았다.

700÷200=3.5이고 3420÷950=3.6이었다. 그러니까 1봉지씩 파는 과자는 1g에 3.5원이고, 묶음 과자는 1g에 3.6원이다. 그래서 우리는 묶어 파는 과자가 오히려 더 비싸다는 것을 알고 한 개씩 파는 과자를 하나 샀다.

수학적으로 따져 본 덕분에 현명하게 물건을 샀다고 엄마가 칭찬해 주셔서 기분이 좋았다. 앞으로 물건을 살 때는 오늘처럼 가격을 비교하면서 구입해야지 하고 생각했다.

그런데 안타까운 것은 나는 내가 좋아하는 과자를 하나밖에 못 먹는다는 거였다! 내가 오늘 결정한 것이 과연 현명한 선택이었을까? 잘 모르겠다.

2010년 9월 10일

제목 : 피자와 분수

오늘은 내 생일이어서 식구가 모두 모였다. 그래서 포테이토 피자와 불고기 피자를 각각 한 판씩 시켰다. 각 피자는 8조각으로 나뉘어 있었다. 그중 우리 식구들이 $1\frac{1}{8}$을 먹으니까 $\frac{7}{8}$이 남았다.

오늘 학교에서 배운 분수의 덧셈이 생각났다. 우리는 수학 1단원 분수의 덧셈과 뺄셈을 배웠다. 분모가 같은 대분수의 뺄셈을 배웠는데, $3-1\frac{3}{4} = 2\frac{4}{4} - 1\frac{3}{4} =(2-1)+(\frac{4}{4} - \frac{3}{4})=1\frac{1}{4}$ 이라고 선생님이 풀이해 주셨다. 오늘 배운 식으로 남은 피자를 나타내어 보니까 $2-1\frac{1}{8} =1\frac{8}{8} - 1\frac{1}{8} = \frac{7}{8}$ 이 되었다. 수학이 피자 먹는 거랑도 관련이 있다. 참 재미있었다.

어때, 재미있지? 이렇듯 수학일기는 어렵지 않아. 수학 문제나 수학 숙제처럼 답을 반드시 만들어내야 하는 것도 아니니까 틀려서 속상하거나 하는 일은 없지.

이번에는 수학적인 생각, 즉 수학적 사고가 우리의 생활에서 어떻게 나타나는지 살펴보면서 수학이라는 학문에 대해 조금 더 체계적으로 짚어 볼 거야. 이렇게 하면 수학일기의 주제나 소재 등이 더욱 풍성해지지.

우리의 생활과 연관된 수학

우리 생활 속에는 무수히 많은 수학 원리와 수학적 사고가 이미 존재하고 있어. 수학적 사고는 문제 상황을 수학적으로 해결하기 위한 생각이라고 할 수 있어. 이것은 질서 없이 막 떠오르는 생각이 아니라, 체계적인 사고를 상황에 맞게 활용할 줄 아는 능력을 말해. 수학적으로 사고한다는 것은 이런 것들이야.

① 여러 가지 계산법과 문제 해결에 이르는 명확한 절차(어려운 말로 '알고리즘'이라고도 해)를 능숙하게 사용하는 것.

② 수학적인 관점을 갖고 수학 용어와 기호를 사용하는 것.

③ 귀납과 유추를 통해 새로운 수학 원리와 법칙을 추측하고 발견하는 것.

④ 여러 가지 수학 원리와 법칙 사이의 연관성을 찾아 우리 주변 상황 속에서 관련성을 파악해 문제를 수학적으로 해결하는 것.

조금 어렵지? 그럼 지금부터는 우리 주변에서 수학적 사고가 생활에 어떻게 사용되는지 예를 들어 살펴보도록 하자.

어떤 땅 부자에게 세 아들 '똑똑해', '따라해', '어리바리해'가 있었다. 어느 날 아침, 땅 부자가 아들들에게 줄자를 하나씩 나눠 주며 말했다. "이 줄자는 길이가 모두 똑같이 12m이다. 이 줄자로 너희들은 각각 들에 울타리를 쳐라. 울타리 안의 땅을 나눠 주마. 지혜로운 사람이 가장 넓은 땅을 갖게 될 것이다."

그러자 어리바리해는 '줄자의 길이가 다 같은데 어떻게 넓고 좁은 땅이 생기지? 날이 더워지기 전에 얼른 울타리를 치고 들어가야지.'라고 생각하고, 따라해는 '그래! 형제들이 먼저 친 울타리를 잘 보고 그대로 따라해야지.'하고 생각했다. 똑똑해는 그저 빙그레 웃다가 정사각형 모양으로 울타리를 치려고 생각했다. 세 사람이 친 울타리 중 어느 것이 가장 넓을까?

18

여러분은 이중 누가 가장 넓은 땅을 가졌을지 추측하겠니? 줄자가 12m로 정해져 있으니까 옆의 도형들의 둘레의 길이는 똑같이 12m가 분명해. 그런데 각자가 차지한 땅의 넓이는 5m², 8m², 9m²로 각각 달라. 위 그림에서 안쪽의 작은 정사각형의 크기가 모두 같기 때문에, 각각 몇 칸인지 세어서 비교해 보면 되거든. 첫째 번 것은 5칸, 둘째 번 것은 8칸, 셋째 번 것은 9칸이지. 바로 똑똑해야.

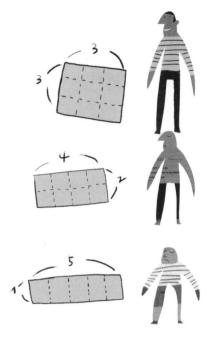

이렇게 둘레의 길이가 같을 때는 가로와 세로의 길이가 비슷해질수록 더 넓어. 그래서 둘레의 길이가 같은 사각형들 중에서는 정사각형이 가장 넓지.

이번에는 삼각형에 대해 알아보자. 학교에서 삼각형의 특징과 원리에 대해 공부했지? 3개의 점이 한 직선 위에 놓여 있지만 않으면 삼각형을 만들 수 있어. 직접 세 점을 찍고 서로 연결해 봐. 삼각형에는 변과 각이 모두 3개씩 있지. 삼각형이란 도형은 단순하고 우아하면서도 튼튼해. 그래서 자연 속에서 그 모습을 쉽게 찾아볼 수 있어. 삼각거미는 거미줄을 삼각형 모양으

로 짜고 사막거북은 등딱지가 삼각형 6개로 이루어진 정육각형 무늬를 갖고 있어.

또 자동차 바퀴, 원형경기장, 원탁, 맨홀 뚜껑의 공통점이 뭔지 아니? 원 모양이란 거야. 원 위의 점들은 중심으로부터 같은 거리만큼 떨어져 있기 때문에, 원의 지름의 길이는 어디에서 재더라도 같아. 이러한 성질은 맨홀 뚜껑을 원 모양으로 만드는 이유가 되기도 해. 사각형 모양으로 맨홀 뚜껑을 만들었다고 생각해 봐. 사각형의 대각선은 네 변보다 길기 때문에 사각형 모양의 맨홀 뚜껑을 세우게 되면 맨홀로 쏙 빠질 수 있어. 그렇지만 맨홀 뚜껑을 원 모양으로 맨홀보다 약간만 크게 만들면 구멍에 맨홀 뚜껑을 세워도 걸리기 때문에 절대로 빠지는 일이 없어.

이처럼 우리 생활과 연관된 수학은 무궁무진하단다.

수학이란 수, 숫자, 기호의 모임

　지금까지 수학일기의 실제 사례와 수학적 사고에 대해 살펴보았어. 두 가지 모두 수학에서 출발한 활동과 생각이지. 이번에는 수학이란 학문에 대해 좀 알아볼까? 여러분은 수학이 무엇이라고 생각해? 수학은 수를 갖고 이리저리 생각해 보고 응용해 보는 학문이야. 좀 더 나아가면 기호와 도형 등을 이용해서 추상적인 생각을 전개하는, 논리와 기호의 학문이라고도 할 수 있지.

　여러분은 학교에 들어가기 전부터 부모님이나 혹은 다른 사람으로부터 수학을 배웠어. 배우지 않았다고? 잘 생각해 봐. 아장아장 계단을 오르내리기 시작하면서부터 엄마는 하나, 둘, 셋…… 열! 하고 수를 세었지. 우리 아기 잘 올라가네! 하면서 부모님은 여러분을 수의 세계로 이끌어 주었어.

　여러분은 장난감의 개수를 세면서 더하기와 빼기를 배웠을 거야. 아빠가 곰 인형 1개를 사다 주면 너무 좋아. 집에 있던 오리

인형 2개와 합쳐서(1+2=3) 3개의 장난감이 생겼네. 그러다 오리
인형 하나를 잃어버리면 장난감이 2개(3-1=2)로 줄어들기도 해.
또 사탕이나 과자를 친구들과 나누어 먹을 때는 나눗셈을 이용
해. 20개의 사탕을 4명의 친구와 나누어 먹는다면, 20÷4=5이니
까 다섯 개씩 나누면 되네.

트라이앵글을 두드리면서 삼각형을, 탬버린과 북을 치면서는

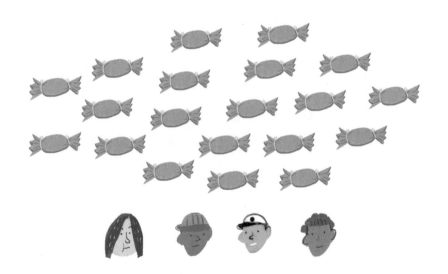

원을, 축구공을 차면서 오각형을 관찰했어. 또 놀이공원에 놀러 가서 목이 말라서 자판기의 음료수를 선택할 때에도 우리는 수학의 원리를 경험했어. 잘 모르겠다고? 각 버튼마다 나오는 음료수가 정해져 있어서 오렌지 버튼을 누르면, 오렌지 음료수만 나오게 하는 게 수학 원리야. 만약 다른 음료수가 나오면 내가 마시고 싶은 것을 마실 수가 없거든. 그럼, 큰일이 벌어지지.

이렇게 수학은 우리가 자라는 내내 우리를 둘러싸고 있었어. 이런데도 선생님이 "수학을 왜 배워야 할까?", "수학을 배워서 생활 어디에 써먹지?"라고 질문하면 답을 못하고 당황하는 친구들이 있어. 과연 수학은 수학자나 머리가 똑똑한 사람들만 하는 것일까? 여전히 많은 친구들이 '수학' 하면 어렵고 골치 아픈 계산과 공식을 떠올리지만 수학은 생활 속의 크고 작은 문제들을 해결하려는 사람들의 열정과 호기심이 만들어 낸 수, 숫자, 기호의 모임 이야. 그럼 지금부터는 수학이라는 학문에 대해 좀 더 구체적으로 알아볼 거야. 수학 세계로 출발!

1. 수는 무엇일까?

수는 무엇일까? 1, 2, 3, 4, 5······ 이런 수를 자연수라고 해. 가장 큰 자연수는 무엇일까? 답을 미리 말하면, 자연수는 끝이 없이 이어져 가장 큰 수를 정의할 수 없어. 여러분은 초등학교에서 분수와 소수도 배울 거야. 중학교에 가면 정수, 유리수라는 것도 배울 거고. 영하의 온도를 표시할 때 사용하는 −4, −3, −2, −1 등의 수를 음수라고 해.

여러분의 눈높이에 맞게 여기까지만 설명할게. 지금 우리가 누리는 편리한 생활 곳곳에 얼마나 많은 수와 수 개념이 숨어 있는지 알면, 아마 깜짝 놀랄 거야.

그럼 어떤 수부터 생겨났을까? 1과 2는 인류가 이해한 최초의 수야. 오늘날에도 아프리카의 피그미족이나 줄루족, 오스트레일리아의 아란다족과 브라질의 보토쿠도족에게는 수를 표현하는 말이 '하나, 둘, 많음' 뿐이야.

그렇다면 옛날 사람들은 어떻게 많은 가축의 수를 정확하게 기억할 수 있었을까?

어떤 원주민이 염소 열 마리를 키우고 있어. 오늘날 같으면 그

사람은 염소의 수를 세어서 '우리 염소는 모두 열 마리야.'라고 기억해 두면 되겠지. 그러나 10이라는 개념은 머릿속에 없어서, 나무 위에 염소 한 마리에 눈금 하나를 새기고, 또한 마리에 눈금 하나를 새겨서…… 모두 열 개의 눈금을 나무에 새겼어. 낮 동안 들판에 염소를 풀어 놓았다가 저녁에 모아 놓고 염소와 나무에 새겨진 눈금을 하나하나 대응시켜 보았어. 염소와 나무 눈금이 하나하나 대응하면 기르는 염소가 전부 모인 것이고, 그렇지 않으면 큰일이 났네, 어서 염소를 찾으러 가야지.

또 이렇게도 했대. 어떤 마을의 부족장이 50명의 부하를 거느리고 있어. 만약 족장이 50까지 셀 줄 안다면 부하들의 수를 세어 '내 부하는 50명이야.'라고 기억해 두면 되지. 그러나 이 족장은 50이라는 큰 수를 도저히 셀 수 없었어. 그래서 이렇게 했대. 우선 부하들에게 돌멩이를 하나씩 나누어 주었다가 다시 걷어서 간직하는 거야. 돌멩이가 하나도 남지 않으면 부하들이 모두 모인 거지.

calxulus

만약 족장의 손에 돌멩이가 조금이라도 남아 있으면 그만큼의 부하가 모이지 않은 거야.

이러한 이야기에서 '셈법'이라는 뜻을 지닌 영어 'calculus'가 나왔어. 이 말은 '작은 돌'을 뜻하는 라틴어 'calxulus'에서 온 거야 .

그러나 부족이 커지고 생산력도 발전하면서 수는 인간의 기억에만 의존하기에는 너무나 커지고 복잡해졌어. 드디어 수를 문자로 표현해야 할 필요가 생긴 거야.

2. 숫자는 무엇일까?

수를 나타내는 방법은 각 문명마다 다르게 발전했어. 옛날에는 이집트 숫자, 바빌로니아 숫자, 마야 숫자, 로마 숫자, 아라비아 숫자, 중국 숫자 등 많은 숫자들이 있었어. 우리는 그중 1, 2, 3, 4, 5, 6……로 표현하는 아라비아 숫자를 사용하고 있지.

오늘날 세계 여러 나라에서 공통적으로 사용하고 있는 이 숫자를 아라비아 숫자라고 하는 것은 인도에서 만들어졌지만 아라비아를 통해 유럽에 전해졌기 때문이야.

아라비아 숫자는 2세기경에 처음 만들어졌는데, 모양이 변형되면서 아라비아에 전해졌어. 12세기 무렵 유럽 상인이 아라비아와 교역을 하면서 유럽에 전해졌지만 좀처럼 전파되지 않다가

16세기에 들어와 과학이 급속하게 발전하면서 본격적으로 사용되었어. 아라비아 숫자가 유럽에 소개된 지 많은 시간이 흐른 후였지.

아래의 그림은 아라비아 숫자의 변천 과정을 담은 것이야.

인도(브라미) B.C. 300년 경

동아라비아 1575년

인도(그말리모르) A.D. 876년

유럽 15C의 대부분

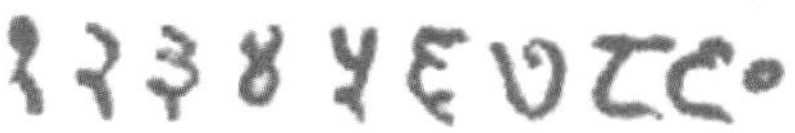

인도(데바나가리) 11C

유럽 16C

서아라비아(고바르) 11C

은행 수표용 숫자

인도 · 아라비아 숫자 10진법

| 1 | 2 | 3 | 4 | 5 | 6 | 7 | 8 | 9 | 10 | 100 |

그림들을 살펴보면서 우리가 지금 사용하고 있는 아라비아 숫자와 비교해 봐. 비슷한 점을 찾을 수 있겠니? 기원 전 300년경에 쓰인 글자는 한자 1, 2, 3과 매우 유사해. 서기 876년부터 오늘날 우리가 쓰는 아라비아 숫자와 조금씩 비슷해지는 거 같지? 오른쪽 맨 위에 있는 동아라비아 숫자를 보면, 2와 3이 현재의 아라비아 숫자의 흔적을 보이기는 하는데, 방향이 달라. 90도 정도 돌아가 있어. 여러분도 더 찾아봐.

이번에는 아라비아 숫자와 바빌로니아 숫자, 이집트 숫자, 로마 숫자, 중국 숫자들이 각각 어떻게 다른지 비교해 볼까?

바빌로니아 숫자	V	VV	VVV	VVV V	VVV VV	VVV VVV	VVVV VVV	VVVV VVVV	VVVV VVVV V	⟨	V 또는 VVV (60)	VV 은 (2또는120)
이집트 숫자	I	II	III	III I	III II	III III	IIII III	IIII IIII	IIII IIII III	∩ 말굽	ℰ 새끼줄	🪷 연꽃
로마 숫자	I	II	III	IV	V	VI	VII	VIII	IX	X	L, C 50, 100	D, M 500, 1000
중국 숫자	一	二	三	四	五	六	七	八	九	十	百	千
아라비아 숫자	1	2	3	4	5	6	7	8	9	10	100	1000

바빌로니아 숫자는 점토판에 끝을 비스듬히 자른 쐐기로 새겼어. 단 두 가지의 기호로 어떠한 크기의 수도 나타낼 수 있지. 또 60진법과 자리 잡기의 원리가 도입되었어.

이집트 숫자는 돌비석 등에 새겨진 상형 문자 형태야. 후에 파피루스(나일 강변의 수초로 만들어진 종이)가 사용되자, 쓰기 쉽도록 모양을 바꾸어 승려 문자로 사용했지. 이집트 인은 옛날부터 오른쪽에서 왼쪽으로 글씨를 써 왔어. 말굽 모양은 10, 새끼줄 모양은 100, 연꽃 모양은 1000을 나타내.

로마에서는 시계에서 자주 볼 수 있는 숫자들을 사용했어. 특이한 것은 4를 표시할 때 빼는 수(I)를 앞쪽에서 쓰고, 빼어지는 수(V)를 뒤쪽에 써서 표현했어. 즉, 4는 V(5)에서 I(1)를 빼서 IV로 나타내었지. 9도 마찬가지야. X(10)에서 I(1)를 빼서 IX로 나타내었어.

중국 숫자는 은나라 시대에 갑골이나 금문(金文)에 사용된 숫자가 원형이 되어 현재의 숫자가 이루어졌어. 중국 숫자에는 0이 없고 자리 잡기의 원리가 없어. 표기가 복잡해져서 계산에서는 쓰이지 않았어. 중국에서는 계산할 때는 산목(算木)이나 수판으로 했고, 숫자는 결과의 기록에만 쓰였어.

3. 기호는 무엇일까?

수학은 논리와 기호의 학문이라고 앞에서 이야기했던 거 기억나? 옛날에는 철학자이면서 동시에 수학자인 경우가 많았어. 플라톤, 아리스토텔레스는 논리를 따지는 철학자이면서 수학에 대해 많은 연구를 한 수학자이기도 했어. 또 '나는 생각한다. 고로 나는 존재한다.' 라는 명언으로 유명한 프랑스의 데카르트도 수학자이면서 철학자였지.

기호는 수학을 편리하게 해 주는 도구야. 예를 들어, 장난감 공장에서 곰 인형을 245개, 토끼 인형을 428개 만들었다고 해 봐. 장난감 공장에서 만든 인형은 모두 몇 개일까? 이 문장을 기호를 써서 간단히 표현하면 $245+428=673$이야. 즉 서술형 수학 문제를 간단한 식으로 정리해 푸는 게 바로 수학이야.

주위를 둘러보면 종종 이 세상 모든 것에 수학이 깃들어 있다는 느낌이 들지? 수학의 최초 발자취를 찾으려면 선사시대로 거슬러 올라가야 해. 선사 시대의 동굴에는 사물을 기록하기 위한 기호나 상징이 남아 있어. 시간 단위를 기록하기 위한 것, 혹은 모아 놓은 물건이나 교환한 물건의 양을 표시하기 위한 것이었지.

지난 수천 년 동안 수학은 예술, 상업과 무역, 건축, 과학 등 여러 분야에서 영향력을 발휘해 왔어. 오늘날 수학이 없다면 과학은 제 기능을 할 수 없을 거야. 부모님이 자동차 운전을 할 때,

목적지를 안내하는 내비게이션(GPS)도 수학의 원리를 이용한 것
이지. 수학이 없다면 은행에 예금할 때 이자를 계산할
수도 없고, 건물을 지을 때 어떻게 지어야 안전
한지 예상할 수 없고, 여행을 할 때 원하는
곳을 찾아갈 수도 없어(물론 지도를 보면서
갈 수 있지만, 그 지도를 만들려고 해도 수학이
필요해).

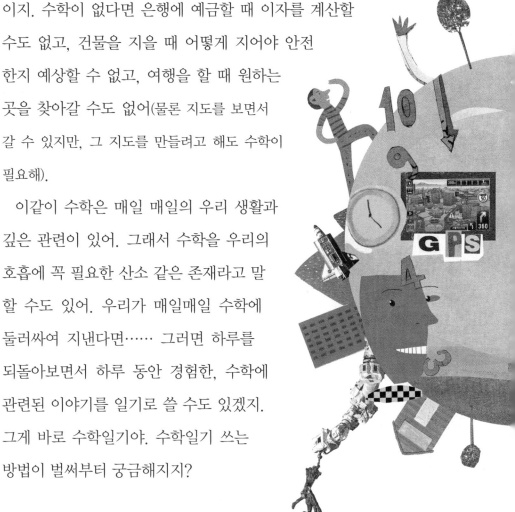

　이같이 수학은 매일 매일의 우리 생활과
깊은 관련이 있어. 그래서 수학을 우리의
호흡에 꼭 필요한 산소 같은 존재라고 말
할 수도 있어. 우리가 매일매일 수학에
둘러싸여 지낸다면…… 그러면 하루를
되돌아보면서 하루 동안 경험한, 수학에
관련된 이야기를 일기로 쓸 수도 있겠지.
그게 바로 수학일기야. 수학일기 쓰는
방법이 벌써부터 궁금해지지?

수학일기와 다른 일기는 어떻게 달라요?

일기는 하루의 일을 기록하거나 인상 깊었거나 느낀 점을 쓰는 것이야. 이런 일기를 다른 일기 형식과 구분하기 위해 생활일기라고도 해.

수학일기도 이와 비슷한데, 다만 몇몇 부분에서 차이가 나. 수학일기에는 정해진 형식이 없어. 수학 문제를 풀다가 겪게 되는 어려움이나 깨달음, 수학에 대한 느낌을 자유롭게 쓰면 돼.

학교나 주변 생활에서 학습한 수학적 내용과 느낌, 생각 등을 정리하는 학습의 수단이면서 동시에 자신의 수학 학습에 대한 평가의 수단이 되지. 수학 독후감, 수학 동화, 수학 동시, 수학 만화, 수학 체험전 기록, 수학 오답 풀이 등 그 형식은 수학일기를 쓰는 사람만큼이나 다양해.

과학 실험 보고서와 탐구 보고서, 관찰 일지 등을 써 본 적 있지? 과학일기는 과학 일지처럼 과학적인 눈으로 사물이나 현상을 관찰하면서 과정과 결과를 정리하는 거야.

그렇다면 과학일기와 수학일기는 어떤 차이점이 있을까? 공통의 주제를 갖고 일기를 쓴다고 할 때 차이점은 각각 과학적인 눈과 수학적인 눈으로 대상을 관찰하는 것이지.

예를 들어 매미에 대해 쓴 과학일기를 살펴보자.

〈과학일기〉

2011년 4월 15일

제목 : 매미의 일생

지금까지 알려진 매미는 15,000종 정도 된다. 그중에는 매년 여름에 출현하는 종도 있지만, 몇 년을 주기로 나타나는 종도 있다. 매미가 어른벌레로 울 수 있는 시기는 몇 주도 되지 않는다. 매미는 이 기간에 짝짓기를 하여 알을 낳고는 일생을 마감한다. 알은 부화된 후 애벌레가 되어 땅속 생활을 시작한다. 그런데 매미가 몇 주 남짓한 기간을 울기 위해 애벌레로 지내는 기간은 매우 길다.

느낀 점 : 이 사실을 알고 나니 매미의 울음소리가 슬프게 들렸다.

하지만 수학일기는 다음과 같이 매미의 특징을 수학적으로 탐구해서 쓰는 거야.

2011년 4월 15일

제목 : 매미의 수명 주기

'17년 매미'는 17년을 수명 주기로 하는 매미를 의미한다. 13년이나 7년 주기로 사는 매미도 있다. 우리나라에 흔한 참매미와 유지매미의 수명 주기는 5년이다. 매미 개체의 수명 주기인 5, 7, 13, 17에서 발견할 수 있는 공통점은 이 수들을 나눌 수 있는 수가 1과 자기 자신뿐이라는 것, 즉 소수라는 것이다. 이러면 매미가 어른벌레가 되어 땅속에서 나왔을 때 천적을 만날 확률을 많이 줄일 수 있다고 한다.

예를 들어 매미의 주기가 6년이고 천적의 주기가 4년이면 매미는 6년, 12년, 18년에 나타나고, 천적은 4년, 8년, 12년, 16년에 나타나니까, 매미와 천적은 12년마다 만난다. 하지만 매미의 주기가 5년이고 천적의 주기가 4년이면 둘은 20년마다 만난다. 주기가 6년에서 5년으로 줄어들었지만, 천적과 만나는 간격은 길어졌다. 이 사실을 알게 되니까 매미가 참 현명하게 적응한 것 같다.

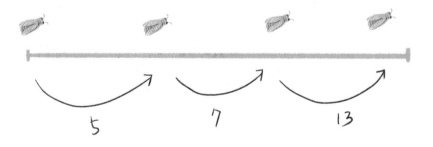

어때? 이제 구분이 되지? 수학일기를 당장 쓰고 싶어졌다고?

수학일기를 쓰면 뭐가 좋은가요?

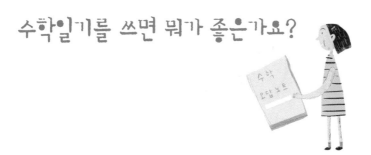

이번에는 수학일기 쓰기가 어떤 점에서 좋은지 알아보려고 해.

(1) 수학 오답 공책

여러분은 자신이 알고 있는 것과 모르는 것, 알고 싶은 것을 수학일기 공책에 적음으로써 자신의 수학 공부 방법을 반성할 수 있어.

수학일기를 쓰면서 그날 공부한 수학 내용을 복습하는 거야. 수학일기 공책이 수학 오답 공책이 되는 셈이지. 이것을 시험 보기 전에 들춰 보면 자신이 자주 틀리는 문제 유형이나 계산 과정을 알게 되어 시험에 대처할 수 있어. 수학 문제집에서 틀린 문제들을 수학일기에 정리해서 단원평가 보기 전에 한 번 살펴보면 되거든. 모든 문제를 다 볼 필요 없이 수학일기 공책만 보면 되니까, 많은 시간을 절약할 수 있겠지?

2011년 3월 16일

제목 : 틀린 문제 정리

수학 단원평가(도형 부분)에서 틀린 문제를 정리했다.

[문제]

다음 네 개의 점 중에서 세 개의 점을 직선으로 이어서 각을 만들려
고 합니다. 만들 수 있는 각은 모두 몇 개일까요?

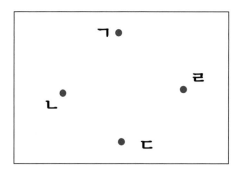

[풀이]

점 ㄱ을 꼭짓점으로 하는 각 : 각 ㄴㄱㄹ, 각 ㄴㄱㄷ, 각 ㄷㄱㄹ

점 ㄴ을 꼭짓점으로 하는 각 : 각 ㄱㄴㄷ, 각 ㄱㄴㄹ, 각 ㄷㄴㄹ

점 ㄷ을 꼭짓점으로 하는 각 : 각 ㄴㄷㄹ, 각 ㄱㄷㄹ, 각 ㄱㄷㄴ

점 ㄹ을 꼭짓점으로 하는 각 : 각 ㄱㄹㄷ, 각 ㄱㄹㄴ, 각 ㄴㄹㄷ

[정답] 12개

[느낀 점]

다음부터는 검산을 잘 해서 하나도 틀리지 않을 것이다.

(2) 각오 다짐 공책

수업 시간에 칠판 앞에 나가서 문제를 푸는데 수학 문제가 잘 풀리지 않아 화가 났거나 실망한 적이 한 번쯤 있지? 그러한 일들이나 그 당시의 느낌을 수학일기 공책에 생생하게 담고 자신의 부족한 점을 찾아보면서, 앞으로 어떻게 하면 잘할 수 있을까를 쓰는 거야. 수학 다짐 공책이 되는 셈이지.

혹시 '피그말리온 효과'라고 들어 봤니? 조각가였던 피그말리온은 아름다운 여인상을 조각하고, 그 여인상을 진심으로 사랑하게 되었대. 그러니까 여신 아프로디테가 그의 사랑에 감동해 여인상에게 생명을 불어넣어 주었고, 그래서 둘은 행복하게 잘 살았대. 이처럼 다른 사람의 기대나 관심으로 인해 나의 결과가 좋아지는 현상을 피그말리온 효과라고 하는데, 여러분 스스로 자신이 잘할 것이라고 믿으면 실제로 잘하게 돼.

(3) 색다른 풀이 방법

생활일기는 지극히 개인적인 나만의 일기지만(담임선생님이 보긴 해), 수학일기는 함께 보면서 친구들과 같이 공부할 수 있어. 여러분이 쓴 일기를 다른 사람과 돌려 읽는다면 한 가지 방식이 아니라 다른 방식으로도 문제를 풀 수 있다는 사실을 발견하게 돼. 그리고 해법 풀이 과정을 서로 비교해 보거나 각자의 문제 푸는 방식에 대해 호응해 주면서 실력을 키울 수 있어.

2011년 2월 10일

제목 : 재미있는 문제 풀이법

문제 : 개와 닭이 모두 10마리가 있고, 이 동물들의 다리의 총 개수가 32개라고 한다. 개와 닭은 각각 몇 마리일까?

어떤 친구는 식을 세워서 풀고, 어떤 친구는 표를 만들어서 풀었다. 어떤 친구는 예상과 확인을 통해 해결했다. 그런데 한 친구는 좀 더 색다르고 재미있게 풀었다.

"개와 닭에게 "왼쪽다리를 들어!" 라고 명령한다. 그러면 개는 나머지 두 다리로, 닭은 남은 한 다리로 서 있다. 만약 이 동물들이 모두 닭이라면 한쪽 다리를 들었으니까 한 다리로 서 있는 16마리여야 한다. 그런데 모두 10마리라고 하니 닭만 있다면 6개의 다리가 더 있는 셈이다. 16개에서 10개를 빼면 그만큼 개가 있어야 한다. 따라서 10마리의 동물들은 개가 6마리, 닭이 4마리인 셈이다."

친구는 내가 미처 생각하지 못한 방법으로 풀었다. 친구의 수학일기장에서 수학을 풀이하는 색다른 방법을 배울 수 있었다.

(4) 좀 더 확실하게 이해

문제를 풀다가 궁금한 것이 생기면 더 찾아보고 싶어지지? 그럴 때 수학일기를 써 봐. 수업 시간에 공부한 내용 중에서 잘 이해가 가지 않거나 더 공부하고 싶었던 것들 있잖아. 그런 것들을 수학일기 안에 적어 보는 거야.

2011년 4월 10일

제목 : 피타고라스의 정리

고대 그리스 수학자 피타고라스는 변의 길이가 3, 4, 5인 삼각형이 직각삼각형이 된다고 했다. 그것은 직각삼각형이 되는 조건이 변의 길이와 관계있다는 것이다. 피타고라스는 모든 직각삼각형에 대해 '빗변을 한 변으로 하는 정사각형의 넓이는 나머지 두 변을 이용해 만든 두 정사각형의 넓이의 합과 같다.'는 성질을 발견했다. 이것이 바로 '피타고라스의 정리'라고 한단다. 변의 길이가 3, 4, 5인 삼각형에서 빗변을 한 변으로 하는 정사각형의 넓이는 5의 제곱, 즉 5×5=25이고, 나머지 두 변으로 두 정사각형을 만들어 그 넓이의 합을 구하면 9+16=25가 된다. 정말 신기하다.

이렇게 하면 친구들보다 직각삼각형의 원리에 대해서 더 잘 알게 된단다.

(5) 수학에 대한 관심과 애정 증가

공부가 세상에서 가장 쉬웠다고 하는 사람들이 있어. 너희들은 그중에서 어느 과목이 제일 쉽니? 혹시 수학이 아닐까? 완전 반대라고? 그래도 옛날 말에 '미운 정 고운 정'이라고, 자꾸 하다 보니까 정이 들어서 수학이 더 좋아진 친구들도 있을 거야.

인라인 스케이트를 배울 때 처음에는 수시로 넘어지고, 타기 힘들어. 하지만 인라인 스케이트를 잘 타는 방법에 대해 자주 생각하고 연습을 많이 하면, 어느 순간부터 잘 타게 되지. 수학도 마찬가지야. 처음에는 수학 개념이 어렵고 골치 아파. 하지만 수학을 자주 접하고 관심을 가지면 언제부터인가 좋아지게 돼. 그렇게 되게끔 도와주는 것이 수학일기야. 수학이 좋아지면 수학도 잘하게 되거든. 수학에 대한 사랑을 수학일기에 듬뿍 담아서 써 봐.

2011년 4월 8일

제목 : 수학적인 우리 엄마

배가 너무 고파 빵을 한두 번 씹는 둥 마는 둥 하고 꿀꺽 삼켰더니,

엄마가 음식을 꼭꼭 씹어 먹어야 한다고 했다. 우리 소화기관 중의 위를 생각한다면 음식물을 천천히 잘게 부순 다음에 위로 보내 줘야 한단다. 엄마는 그 이유를 수학으로 설명해 주셨다. 음식을 8조각으로 자르면 크기와 무게에는 변화는 없는데, 소화액이 닿는 표면을 비교하면 8조각으로 자른 것이 2배나 더 넓다고 한다. 그러면 음식을 소화시키는 물질이 더 많이 묻게 되어서 소화가 더 잘 된단다.

엄마가 수학적으로 설명해 주니까 더 잘 이해가 되었다. 수학이 하루 3끼 식사할 때도 이용되는 것을 알게 되니까, 항상 수학을 생각하면서 지내야겠다.

지금까지 수학이란 것은 더하고 빼고 곱하고 나누는 등 빠르게 계산하고 정확하게 답을 적는 것이라고 생각만 했었다. 하지만 오늘 선생님께서 설명해 주신 수학일기 이야기를 듣고 보니, 수학이란 것이 더하고, 빼고, 곱하고 나누는 것만 하는 것이 아니라는 것을 알았다.

'수학'이라는 말만 들어가면 문제를 무조건 풀고 정답을 맞혀야 할 것 같아서, 틀리면 어쩌나 하며 너무 불안해 했는데 여러 가지 방법들을 보게 되니까 그게 아닌 것 같다.

지난 겨울방학에 옆반 선생님이 방학 숙제로 수학일기를 내 준 적이 있었다. 친구의 수학일기장을 봤을 때 나도 수학일기 쓰기에 조금씩 관심이 생겼다.

이전까지 나는 수학일기가 또 하나의 수학 숙제라고만 생각했다. 선생님의 이야기에 따르면, 수학을 못해도 수학일기를 쓸 수 있다고 한다.

수학은 내가 제일 잘하고 싶어 하는 과목이지만 동시에 제

일 자신 없는 과목이기도 하다. 수학일기를 쓰면 조금씩 수학에 대한 두려움이 줄어들까? 그렇다면 지금부터라도 수학일기 쓰기를 시작할 텐데…….

수학일기를 쓰게 되면 정말 수학이랑 더 친해질 수 있을까? 내가 직접 한번 써 보고 쉽고 재미있으면, 그래서 수학이 정말 좋아진다면 친구들에게도 가르쳐 줘야겠다.

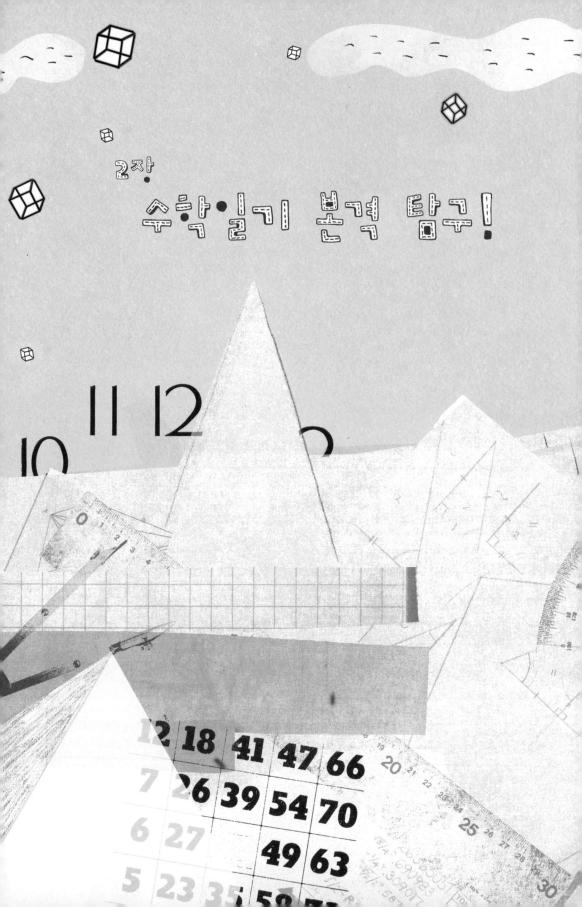

2장
수학일기 본격 탐구!

수학일기 쓸 때 기억해야 할 것들

안녕? 친구들~. 난 2교시를 맡은 이 샘이란다. 만나서 정말 반가워.

선생님은 수학 영재반 친구들에게 수학일기 쓰기를 지도하면서, 동시에 수학을 싫어하는 많은 친구들이 수학일기를 통해 수학을 좋아하게 되었으면 좋겠다는 바람으로 수학일기 쓰기를 널리 알리고 있단다. 1교시에서 수학일기란 어떤 것이고 수학일기를 쓰면 어떤 면에서 좋은지를 알아보았으니, 이제는 본론으로 들어가야 할 차례야. 준비됐니? 뭐? 새로운 마음으로 새 공책의 첫 장을 쫙 펼쳤는데, 어떻게 수학일기를 써야 할지 막막하다고? 선생님이 차근차근 아주 세세하게 알려줄 테니 걱정 뚝! 고고씽~!

1. 수학의 중심에 나를 놓자

수학의 중심에 나를 놓는 것이 무엇인지 궁금하지? 2+3, 그럼 내가 +가 되냐고? 하하하, 그게 아냐. 수학의 중심에 나를 놓는다는 것은 수학일기를 쓸 때에 이야기를 마구 지어내거나 이상한 인물을 등장시키지 않는 거야. 상상의 나래를 펼치는 동화가 아니란 거야. 자신이 실제 경험한 것을 바탕으로 기억을 더듬어 쓰는 생활일기처럼, 수학일기도 자신의 이야기를 쓰는 거야. 자신이 겪은 수학에 관련된 것을 적는 것, 이것이 수학의 중심에 나를 놓는다는 뜻이야.

가령 '선생님의 질문에 나라면 이렇게 대답을 했을 것이다.' 처럼 수업을 함께 들은 다른 친구들의 관점이 아니라, 바로 내가 수학 수업의 중심이 되어서 선생님의 질문에 대해 나름의 대답을 해 보고, 다른 친구들의 발표에 대한 '나의 생각은 이러이러하다.' 라고 써 보는 거지.

밀린 방학 일기를 쓸 때 오래된 일을 더듬어 가며 쓰려면 힘들지? 날씨와 사건 모두 가물가물하고……. 수학일기도 마찬가지야. 자신이 어렵고 낯설게 느끼는 수학 내용이나 감정을 일기에 써야 하니까, 바로바로 쓰지 않으면 잊어버려 힘들단다. 매일은 힘들어도 일주일에 횟수를 정해 두고 자신이 경험한 수학적인 일을 떠올리며 쓰면 돼.

2010년 9월 6일

제목 : 규칙성

오늘 수학 시간에 규칙성에 대해서 배웠다. 선생님이 아래 그림과 같이 교과서에 있는 쌓기나무가 규칙적으로 쌓인 모양을 보고 15번째에는 몇 개의 쌓기나무가 필요한지 문제를 내셨다.

선생님은 1+2+3+……+15를 처음부터 차례대로 더하면서 푸셨다. 하지만 나는 아래 그림과 같이 같은 모양 2개를 이어붙이면 직사각형 모양이 되는 것을 알았다. 이것의 15번째는 가로 16개, 세로 15개가 된다. 16과 15를 곱하면 240개 되는데, 같은 것을 두 번 사용했으니까 반으로 나누면 120개가 된다.

내 방법이 선생님의 설명하신 방법보다 더 쉽게 답을 구할 수 있는 것 같다.

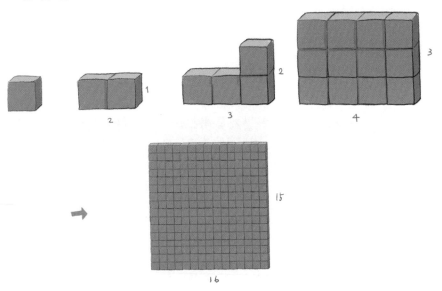

48

앞의 일기처럼 수업 중에 배운 것을 내가 중심이 되어 나만의 풀이를 찾아 써 보면 수학 실력도 쑥쑥 자라.

또한 다음 일기처럼 자신이 읽은 수학 관련 책을 읽고 나서 그 책에 대해서 느낌이나 내가 얼마만큼 이해하고 읽었는지를 써 보면 자신의 수학 실력이 어느 정도인지를 파악하는 데 많은 도움이 되지.

수학에 관련된 책을 읽고 나서 책 내용에 대해 자신의 생각과 느낌을 표현해 보는 거야.

2010년 9월 13일

제목 : 가자! 고대의 수학나라로!

작년에 읽은 《피타고라스 구출작전》이라는 책을 다시 꺼내 읽었다. 두 번째 읽는 것이어서 처음보다는 내용이 잘 들어왔다. 3명의 아이들이 TMT를 타고 고대 그리스로 가서 피타고라스의 제자가 된다는 이야기인데, 제자가 되는 과정이 만만치 않다. 많은 위험이 기다리고 있고, 그 과정을 넘어가려면 많은 수학문제를 풀어야 했다. 두 번째 읽을 때는 문제는 그냥 건너뛰어야지 하다가 다시 문제를 보니, 내 생각 속에서만큼 문제가 골치 아프지 않았고, 실제로는 재미있었다. 가장 인상 깊었던 것은 피타고라스 선생님이 창의적으로 생각할 수 있는 환경을 만들어 주고 그 문제를 풀 때 내가 가장 편한 장소에서

편한 방법으로 풀 수 있도록 해 주는, 수학을 재미있게 가르쳐 줄 줄 아는 선생님이란 점이다. 안정적인 길을 가기 보다는 도전하면서 실패해도 그것을 감당해 낼 수 있는 힘을 가진 분이라고 생각한다. 한 마디로 표현하면, 회전목마보다는 롤러코스터 같은 분이다.

나도 TMT와 같은 타임머신을 탈 수 있다면 꼭 피타고라스 선생님을 만나러 고대 그리스로 갈 것이다.

수학일기를 쓰기 위해 수학 관련 책을 고를 때에는 학교에서 배우고 있는 수준보다 한 단계 아래의 내용을 다루는 책을 고르는 것이 좋아.

이미 학습 내용은 다 알고 있으며, 복습 차원에서 그 단계 수학을 정리하면 이전에는 이해하기 어렵고 부담스러웠던 내용이 쉽게 이해되는 느낌을 받을 거야.

가령 소수의 덧셈을 배울 차례에서는 이미 배운 분수의 원리에 대한 책을 읽고 수학일기를 써 보면 좋아. 새로운 수학 원리를 배운 다음, 일정 기간을 두고 그 원리나 문제들을 다시 생각해 보면, 당시에는 이해되지 않던 것도 이해된다는 뜻이지. 이러한 원리를 수학일기 쓰기에서 경험해 보면 수학에 대한 자신감이 붙는단다.

2. 새로 배운 것을 정리해 보자

수학과 관련된 경험 중심으로 일기를 쓰다 보면, 그러한 경험 뒤에 따라오는 수학적 지식이 수학일기의 소재가 되는 경우가 많아. 즉, 새롭게 알게 된 수학 개념이나 원리에 대해 어떤 점이 흥미롭고 재미있었으며 어떤 점이 어렵고 잘 이해가 되지 않는지를 써 내려가는 것이지.

아무리 위대한 수학적인 원리라도 내가 모르고 지나치면 나에게는 아무것도 아닌 것이고, 사소한 것이라도 거기에서 내가 큰 의미를 발견하고 생각을 확장하는 출발점을 얻는다면 그 가치는 달라지지. 유레카가 연이어 터져 나오는 그런 상황!

여기서 더 나아가 오늘 새롭게 배운 것을 자신

이 먼저 알고 있던 것과 비교해서 내가 잘못 알고 있었던 것은 없는지, 또는 내 수학 실력을 어떻게 발전시켰는지를 구체적으로 쓴다면 자신의 수학 실력에 대해 객관적으로 점검해 보는 계기가 될 거야.

2010년 12월 5일

제목 : 수학체험전을 다녀와서

오늘 수학을 실제로 실험하고 체험할 수 있는 수학체험전에 다녀왔다. 수학을 실험으로 하다니……, 처음에는 낯설었지만 실제 가서 보니 수학도 다양한 실험으로 알아볼 수 있다는 것이 재미있었다.

그중에서 가장 흥미로웠던 것은 양쪽에 접시 안테나처럼 생긴 것을 서로 마주보게 한 후 한 쪽에 백열전구를 켰더니 백열전구의 반대편 쪽에 있던 신문지에 불이 붙는 것이었다.

너무 신기해서 담당하는 분께 "이거 과학 실험 아니에요?"라고 물었더니 과학이기도 하지만 수학이기도 하다고 했다. 빛이 직진한다는 것은 과학적으로 설명이 되지만 포물선 모양의 거울을 통해 빛을 반사해서 모이는 곳을 찾는 것은 수학 계산을 통해서 알아내야 한단다. 이런 곳에서도 수학이 쓰이 다니. 포물선에 관련된 수학은 고등학교 때 배운다고 하는데, 고등학 교에서는 무척 어려운 수학을 배우지만 실제 활용할 수 있는 수학을 배우는 것 같다.

두 번째로 실험한 것은 아래 그림처럼 음료수 캔이 40개 들어 있는 상자에 41번째 캔을 넣으라는 것이었다.

처음에는 이것을 보고 무슨 소리인가 생각했다. 벌써 이 상자에는 빈 틈이 없이 꼭 맞게 40개가 들어 있는데 어떻게 1개를 더 넣으란 말 인지 의아했다. 실제로 여러 차례 낑낑거리면서 했는데, 잘 안 되었 다. 하지만 옆에 어떤 아이가 해냈다고 소리를 질러 가서 보니 정말 어이가 없었다.

5개를 먼저 놓고 그 사이에 4개를 놓고 다시 5개를 놓는 방법으로 하니까 실제 깡통이 구겨지지도 않았는데 41개가 들어가는 것이다.

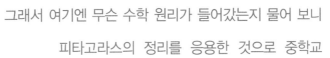

그래서 여기엔 무슨 수학 원리가 들어갔는지 물어 보니 피타고라스의 정리를 응용한 것으로 중학교 가면 배울 수 있다고 했다. 수학을 배우면 배울수록 수 학이 우리 생활 속 과학 원 리를 설명하는 데 필수적인 학문이라는 생각이 들었다.

2010년 12월 8일

제목 : 재미있는 칠교 원리

4학년 수학 수업 시간에 하는 활동 중에 아래 그림과 같은 칠교놀이가 있다. 이게 뭔지 모르면 4학년 교과서를 보면 되는데, 이것을 수학캠프나 학교 수업 시간에 재미있는 활동으로 많이 하고 있다.

칠교 조각으로는 삼각형, 사각형, 오각형, 평행사변형 같은 기본 도형뿐만 아니라 창의적인 모양을 다양하게 만들 수 있다. 그런데 이것이 왜 교과서에 등장했을까? 단순히 각 조각들이 삼각형, 사각형이기 때문일까? 물론 그런 이유도 있지만 이 조각들을 통해 우리가 새로운 수학적 사실을 알 수가 있기 때문이란다.

수학일기에 칠교를 이용해서 만든 재미있는 모양만 만들어 그려 넣지 말고 관찰을 통해 얻을 수 있는 다양한 수학적 사실을 찾아보는 것도 재미가 있겠다 싶어서 조사해 보았다.

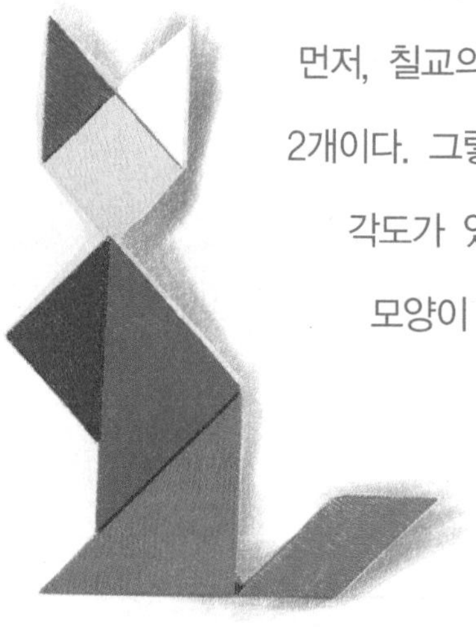

먼저, 칠교의 총 조각은 7개로 삼각형이 5개와 사각형 2개이다. 그렇다면 칠교의 도형 안에는 모두 몇 종류의 각도가 있을까? 칠교 안에 있는 삼각형과 사각형의 모양이 전부 다르다면 $3 \times 5 + 4 \times 2 = 23$개의 각도가 있어야 하는데, 실제 재어 보니 $45°$, $90°$, $135°$로 세 종류의 각도밖에 없었다. 변의 길이도 최대 23종류까지 가능한데,

재어 보니 겨우 4종류밖에 없었고, 넓이도 3 종류밖에 없었다.
이렇게 칠교 안의 도형들의 각도와 변의 길이, 넓이가 공통된 것이 많으니까 각 도형의 변과 변을 연결할 수 있고, 또 45°와 135°가 만나서 180°가 되어 다양한 모양을 만들 수 있다는 걸 발견했다. 매우 신기했다.

앞의 일기처럼 새로운 수학적 경험을 통해 얻은 수학적 지식이나 생각을 수학일기에 담아 보면, 자신의 경험을 잊지 않고 오래 간직할 수 있게 돼. 여기서 중요한 것은 내가 관심을 갖고 중요하게 보는 거야. 이해하기 어렵고 힘든 경험도 내가 관심 갖고 보면 조금이라도 이해할 수 있을 것이고, 그것을 시작으로 일기를 써 간다면 어떤 것이 재미있고 흥미가 있으며, 또 어떤 것을 모르는지 파악할 수 있을 거야.

옛말에 '독서백편의자현(讀書百遍義自見)'이라는 말이 있는데, '같은 책을 여러 번 반복하여 읽게 되면 뜻을 자연히 알게 된다.'는 뜻으로, 어려운 책이라도 같은 책을 자꾸 되풀

이하여 여러 번 읽으면 스스로 그 뜻을 깨우쳐 알게 된다는 의미
야. 수학에 관련된, 처음 듣고 잘 모르는 것도 계속해서 찾아보
고 또 연구하다 보면 그 뜻을 이해하고 활용할 수 있는 경지까지
오르게 될 거야.

3. 시간을 넘나드는 수학 여행을 떠나자

일기는 자신의 진솔한 생각과 느낌에 대한 기록이야. 하지만
약간의 상상이 일기 전체에 있어 양념의 역할을 하기도 해. 이런
경험들 있을 거야. 숙제이기 때문에 일기를 억지로 쓰긴 썼는데
과거에 자신이 쓴 일기를 보면 참 일기가 재미없고 유치하다는
생각 말이야. 멋진 과거를 간직하기 위해서라도 과거나 미래를
회상하고 꿈꾸며 글을 쓴다면 재미있는 일기가 될 거야.

가령 여러분의 1학년 때를 떠올리면서 수학일기를 써 보는 거
야. 1학년 때 처음으로 7+4의 답을 구하면서 쩔쩔맸던 기억을 더
듬으며 일기를 쓴다면 재미있을걸?

또 반대로 여러분이 중학생이나 고등학생이 되어 수학 문제를
푼다고 가정하고 일기를 쓴다면 생소한 수학 기호나 지식을 총
동원해서 일기를 쓸 것이야. 이렇게 자신이 경험한 것이나 경험
할 것을 재구성해서 일기를 써 본다면 재미있는 일기가 완성되
겠지?

2011년 1월 20일

제목 : 2학년 때의 어느 수학 시간

초등학교 2학년 때 나를 괴롭히던 것은 곱셈이었다. 1학년 때까지 한 덧셈과 뺄셈은 손가락이든 발가락이든 이용해서 그럭저럭 계산하는 데 무리가 없었는데, 갑자기 곱셈은 수가 갑자기 너무 커져서 너무 어려웠던 기억이 난다. 특히, 구구단 외우기는 나에게 커다란 스트레스였다. 난 단순히 암기하는 것이 잘 안 되는데, 선생님은 무조건 중요하니까 외우라고 하셔서 그걸 중얼거리면서 외우는 데 참 힘들었다. 지금 와서 생각해 보면 구구단 외우는 것은 기본 중에 기본이고 우리 생활에서도 많이 사용되고 있으니 하여튼 중요하다는 선생님의 말씀은 사실이었다.

그런데, 그런 구구단에서 7×8은 정말 쉽게 외웠던 것 같다. 왜냐하

면 7×8이 56인데 나는 5678로 연속된 수로 생각해서 쉽게 외웠다. 그런 게 또 하나 있는데, 3×4=12도 그랬다. 그리고 잊지 못하는 것이 또 하나 있는데 99981이다. 9×9=81이다. 어떻게 외웠냐면, 그건 우리 집 전화번호여서 쉽게 외웠다. 그러고 보면 주위에 이렇게 수학과 연결시킬 수 있는 것이 또 있을지 모르겠다. 한번 찾아봐야겠다.

위의 일기처럼 예전에 배운 걸 지금 생각해 보면 참 쉬운데, 그 당시에는 어렵다는 생각이 들은 적이 있을 거야. 아마 여러분이 지금 공부하고 있는 수학도 마찬가지야. 지금은 힘들고 어려워도 1년 후 또는 몇 년 후에는 쉽게 보일 때가 있지. 물론 수학 공부를 꾸준히 한 경우에 해당되겠지만……. 이렇게 과거나 미래와 연결해 현재를 생각해 보면 수학을 바라보는 여러분의 관점이 조금은 여유 있고 부드러워지지 않을까?

4. 수학에 대한 내 생각을 정확히 써 보자

일기는 나와의 비밀스런 대화야. 남에게는 말하지 못하는 내 자신에 대해 쓰는 것이니까 창피하다고 생각하는 것도 담을 수 있어. 그런 면에서 수학일기에 나의 수학 실력에 대해 정확하게 써 본다면 나를 되돌아보는 계기가 될 거야.

공부를 하기에 앞서 가장 먼저 해야 할 것이 있어. 내가 무엇을 모르고 무엇을 알고 있는지를 파악하는 것! 그런 파악이 먼저 있은 후에 어떤 공부를 할지를 정해야 하지. 수학일기를 쓰면서 자신의 약점과 강점을 파악해, 약점은 보완하고 강점은 더욱 견고히 해 나가면 수학 공부에 많은 도움을 줄 거야.

2010년 12월 3일

제목 : 실수가 실력?

이번 학기 마지막 단원평가 수학 시험에서 55점을 받았다. 55점이라니! 솔직히 완전히 몰라서 못 푼 문제는 20개의 문제 중에서 2~3문제밖에 없었는데 이런 저런 실수를 하다 보니 9개나 틀렸다.

엄마는 실수도 실력이라고 말씀하셨다. 나의 수학 실력이 고작 55점이란 말인가! 갑자기 열이 받는다. 눈물도 왈칵 올라온다. 시험을 볼 때는 잘 푼 것 같은데 막상 점수를 받으면 내가 생각한 것과

다른 점수가 나온다.

나는 나름대로 수학공부를 열심히 한다고 하는데, 수학 점수가 안 좋고 별로 공부도 안 하는 것 같은 친구 지현이는 점수가 잘 나온단 말이야. 왜 그럴까? 나의 공부 방법이나 시험 보는 방법에 무슨 문제가 있는 것 같다. 그것을 오늘부터 찾아보아야겠다.

위의 일기처럼 자신이 받은 시험 점수를 통해 자신의 수학에 대한 위치를 파악하고 자신의 약점을 찾아 보완해 나가려는 생각을 가지게 되면 앞으로 수학뿐만 아니라 다른 과목 성적도 많이 향상될 거야.

수학일기 쓰기의 단계와 방법

수학일기를 쓰면 여러 가지 좋은 점이 있다는 것을 알면서도 막상 어떻게 써야 할지 공책을 펴고 보면 막막한 경우가 많아.

앞에서 구체적인 예를 통해서 수학일기 쓰는 원리를 알아보았으니까 지금부터는 수학일기를 실제로 쓸 때 어떻게 해야 하는지를 알아볼 거야. 구체적인 수학일기 쓰기 단계를 차근차근 소개할게.

1. 쓰기 전에 해야 할 것

(1) 왜 수학일기를 쓰는지 알기

수학일기를 쓰는 목적을 정확히 알아야 수학일기를 꾸준히 정성껏 쓸 수 있어. 아마 여러분 대부분은 수학일기를 쓰자마자 수학 실력이 쑥쑥 오를 것이라고 생각하고 시작하는데, 이것은 어떻게 쓰느냐에 따라 다르다고 할 수 있어. 즉, 수학일기를 써서 수학 실력이 금방 쑥쑥 오를 수도 있지만 별로 도움이 안 될 수 있다는 말이지.

인간을 표현하는 말 중에 '망각의 동물'이라는 게 있어. 여기서 망각이라는 것은 '기억을 잊어버린다.'는 것으로 시간이 지나면 현재 기억하고 있던 것들을 자연스럽게 잊어버리게 된다는 뜻이야. 이렇게 한 번 배운 것을 영원히 기억하기 쉽지 않기 때문에, 기억을 오래 유지하기 위해서는 반복이 필수야. 한두 개의 수학적인 개념은 오래 기억할 수 있지만 많은 수학적 개념을 기억한다는 것은 쉽지 않기 때문에 기억을 보조할 수 있는 기록을 남겨야 하는데 그것이 바로 수학일기이지.

수학일기를 쓰는 목적은 첫째, 자신의 수학적 경험을 기록해서 자신의 기억에 더 강하게 남기기 위해서이고, 두 번째는 수학 경험을 통해 얻게 된 깨달음, 인상을 기록하기 위해서야. 경험을 통해 얻은 깨달음은 시차를 두고 차분한 가운데서 자신을 되돌아보면서 기록할 때 정리가 더 잘 될 거야.

(2) 주제 정하기

수학일기를 쓰기 전에 '무엇을 쓸 것인지'와 '어떻게 쓸 것인지'에 대해 계획하는 단계가 꼭 필요해. 처음 쓸 때에는 시간이 좀 걸리지만 연습하다 보면 익숙해져.

무엇을 쓸 것인지를 정하는 것이 '주제 정하기'인데, 주제를 정할 때에는 생각을 가다듬고 경험과 상상을 바탕으로 정하면 돼.

그런데 막상 주제를 정하려면 힘들지? 먼저 주제가 한정적이고 분명해야 해. 그러면 일기를 쓸 때 내가 무엇을 쓰고 있는지 그리고 앞으로 무엇을 쓸지를 명확하게 할 수 있어서 글쓰기가 수월해. 하지만 실제로 아이들이 쓴 글을 보면, 이리저리 내용이 왔다 갔다 하는 경우가 많아. 주제가 명확하지 않는 경우에 그런 글쓰기를 하지. 명확한 주제를 선정하고 관련된 자료나 정보를 수집해서 수학일기를 쓰면 내 생각도 정리될 뿐 아니라 주제와 관련된 많은 정보를 얻을 수 있단다.

주제를 고를 때는 나만의 주제를 고르는 것도 좋지만, 너무 치우치면 나중에 어떤 것을 썼는지 자신도 이해 안 될 수 있어. 남들도 같이 공감할 수 있는 주제를 정해야 나중에도 쉽게 이해가 돼.

하지만 다른 사람이 이해할 수 있는 것이라고 해서 같은 주제를 반복하면 안 돼. 쓰는 재미도 없고 생각도 잘 안하게 되기 때문이야. 일기를 쓰면서 계속해서 새로운 주제를 생각해야지 남들이 미처 생각하지 못한 독창적인 주제를 찾아 쓸 수가 있을 거야. 그렇게 되면 재미있고 참신한 일기를 쓰고 있는 여러분을 발견하게 돼.

이때 놓치지 말아야 할 것은, 수학은 우리 생활 속에서 유용하게 사용되는 학문이니까 수학일기를 쓸 때에도 수학의 가치와 유용한 면이 드러나도록 주제를 정해야 한다는 거야. 이런 주제를 정하면 수학 공부를 해야 하는 이유도 알 수 있고 수학일기를 쓰는 데에도 효과적이지. 그런 면에서 학교에서나 책에서 공부한 수학이 실제 생활에 어떻게 사용되고 있는지를 생각하면

서 일기를 쓰면 수학을 바라보는 눈이 달라질 수가 있어.

주제를 정하는 데 있어 가장 간단한 방법은 자기 경험에서 주제를 얻는 거야. 경험을 바탕으로 진솔하게 쓰는 일기는 자신을 되돌아보게 하는 일기 본연의 역할을 할 수 있고 자기의 수학 학습에도 도움이 될 수 있기 때문에 아주 중요하단다.

위에서 설명한 주제를 정하는 여러 방법에서 알 수 있듯이, 어느 한 방법만을 고집하기보다는 오늘 일기는 첫째 방법 위주로 쓰고, 내일은 셋째 방법으로 쓰고 하면서 다양한 방법으로 쓰면 더욱 재미있는 일기 쓰기가 될 거야.

주제 정하기
① 분명한 주제
② 누구나 공감할 수 있는 주제
③ 새롭고 독창적인 주제
④ 가치 있고 유용한 주제
⑤ 자기 경험에서 얻은 주제

(3) 생각 꺼내기

무엇을 쓸 것인가를 정하고 막상 글을 쓰려고 하면 어떻게 쓸지가 걱정이지? 먼저 그 주제와 관련된 생각을 꺼내야 해.

여러분에게 갑자기 어떤 친구에 대해 글을 쓰라고 하면 어때? 생김새와 성격 등 친구에 대한 것을 잠시 생각하다 보면, 쓸 게 떠오를 거야. 하지만 한꺼번에 떠오르는 여러 가지 생각들을 어떻게 하면 잘 정리해서 나타낼 수 있을까? 자신의 생각을 글이나 그림으로 나타낸다는 것은 쉬운 게 아니야. 그렇지만 차근차근 해 보면 재미도 있고 글을 쓸 때 여유가 있단다.

그렇다면 어떻게 생각을 꺼낼 수가 있을까?

우선 자신의 경험에서 생각을 꺼내는 것이 가장 쉬워. 학교에서, 집에서, 책에서, TV를 보면서 또는 공부하면서 여러분이 겪은 수많은 경험을 바탕으로 생각을 꺼내는 거지. 생각해 내려고 해도 잘 떠오르지 않을 때를 대비해서 재미있는 수학적 호기심이 생길 때마다 항상 메모를 하면 기억도 오래가고 나중에 생각 꺼내기가 수월해진단다.

생각을 끄집어낼 수 있는 또 다른 방법은 관찰이야. 수학은 우리 생활과 아주 많이 관련이 있어. 어떻게 보면 수학이 빠진 곳이 없다고 할 정도지. 그런 면에서 주변에 있는 사물을 잘 관찰

해 수학과 관련짓는다면 생각 꺼내기도 수월해지고 소재들이 많으니까 수학일기의 내용도 풍성해져. 여러분의 집에 있는 달력, 시계, 상자, 공책, 주전자 등 많은 사물이 수학일기의 주제와 연결되어 생각을 꺼낼 수 있게 도와 줄 거야.

경험과 관찰을 통해서 생각을 꺼낼 수도 있지만, 조금 더 다양한 수학일기를 쓰려면 간간히 상상을 동원하는 게 좋아.

앞에서 상상해서 쓰지 말라고 한 것은 완전한 허구는 안 된다는 것이지, 상상력을 전혀 동원하면 안 된다는 뜻은 아니야. 앞에서 설명했듯이 수학은 세상의 모든 것들을 추상화하여 표현해. 사과 1개와 물 1컵, 강아지 1마리 등 1이란 의미를 다양한 사물에 사용할 수 있는 것이 수학이야. 이와 같이 세상을 수학적으로 상상하여 보면 재미있는 생각이 많이 떠올라. 하지만 일기는 실제 생활을 바탕으로 해서 진실성을 높이는 것이 중요하기 때문에 상상 수학일기 쓰기는 가끔 쓰는 것이 좋단다. 맛있는 음식에 필요한 양념처럼 말이야.

이 세 가지 방법 외에도 생각을 꺼내는 방법은 다양하게 있을 수 있어. 나름대로의

생각 꺼내기

① 경험에서 꺼내기
② 주변 사물 관찰하여 꺼내기
③ 상상을 곁들이기

방법을 찾아서 생각을 꺼내 보렴.

떠오른 생각을 정리하는 것은 나이가 많은 어른이라고 해서 잘 하는 것은 아니야. 어쩌면 여러분같이 번뜩이는 아이디어가 있는 어린이들이 더 잘 표현할 수도 있어. 내가 가지고 있는 생각을 다른 사람도 쉽게 이해하도록 나타내는 것, 재미있을 것 같지 않니? 앞에서처럼 차근차근 한두 문장씩 실천해 봐.

(4) 생각 묶기

우리가 막상 글을 쓰려고 하면 생각을 꺼내기도 힘들지만, 마구 떠오르는 다양한 생각을 어떻게 정리할지도 고민이 돼. 많은 수학적 경험을 한 경우에는 더욱 그렇고. 그럴 경우에는 생각 묶기를 해야 하는데, 여러분이 알고 있는 생각그물(마인드 맵)이 대표적인 방법이야.

생각을 묶는 방법에는 생각그물처럼 관련된 것끼리 묶는 다발 짓기가 있고, 전체적인 것을 정리해 주는 얼개 짜기, 자신의 관심 있는 것을 중심으로 묶는 관심 묶기가 있어.

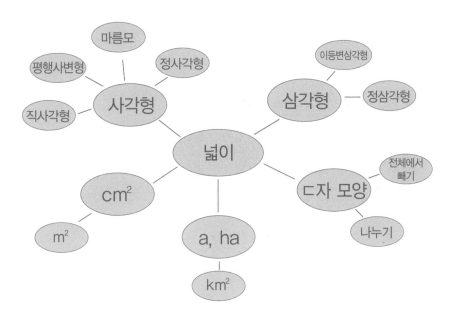

① 다발 짓기

다발 짓기는 여러 가지 떠오른 생각을 관련 있는 것끼리 묶는 활동이야. 여러 가지 생각을 관련 있는 것끼리 묶어 보면 어떤 주제가 나올 거야. 가령 거울을 생각하면 이런 것들이 떠오를 수 있지.

거울 → 반사 → 입사각, 반사각 → 각 → 각도

위와 같이 거울이라는 소재에서 출발하여 각도라는 수학적인 개념까지 연결된 것을 바탕으로 수학일기를 쓰면 돼.

또는 자신이 읽는 책에서도 관련이 있는 것을 묶어서 그 부분을 읽고 일기를 써도 된다.

김은실 작가가 쓴 《수학논술이 답이다》의 차례를 보면 1장이 이런 순서로 되어 있어.

㉮ 호기심이 많아야 수학에 재미를 느낀다

㉯ 숫자와 공식에는 재미있는 이야기들이 가득

㉰ 규칙적으로 공부해야 수학적 사고력도 큰다

㉱ 사고력 수학의 자양분은 독서다

㉲ 왜? 라는 물음을 한 마리 키우자

만일 여러분이 이 부분을 읽고 수학일기를 쓴다면 이것저것 체계 없이 나열할 수도 있어. 그런 일기보다는 이 부분에서 서로 관련된 것을 연결해서 쓰면 더욱 체계적인 수학일기가 될 거야. 위의 목차를 다발 짓기 식으로 정리하면, ㉮와 ㉯가 한 다발, ㉱와 ㉲로 한 다발을 각각 만든 후, ㉰와 연결할 수 있을 거야.

② 얼개 짜기

얼개 짜기는 수학일기의 뼈대를 만드는 것으로 일기의 전체 흐름을 조직하는 거야. 보통 우리가 글을 쓸 때, 서론과 본론, 결론

을 정하고 서론에는 대략 어떤 내용이 들어가고, 본론에는 어떤 내용이 들어가는지 등을 정하지. 수학일기에도 전체적으로 무엇을 쓸 것인지가 정해지면 앞부분에는 무엇을 쓰고 중간, 끝 부분에는 무엇을 쓸지를 생각해야 해. 이런 얼개 짜기는 내용이 중복되거나 빠지는 것을 막을 수 있어서 중요한 활동인데, 보통 학생들은 이 과정을 생략하는 경우가 많아.

얼개 짜기의 방법에는 다음과 같은 것이 있어.

- 시간순서에 따라 얼개 짜기

일기는 자신의 생활이나 경험을 바탕으로 쓰는 경우가 많기 때문에 시간의 흐름에 따라 기억을 더듬어 가며 일기를 쓰면 무난하게 일기를 쓸 수 있어. 수학은 특히나 순서가 중요한 학문이라 문제 하나뿐만 아니라 수학적 사고를 진행하는 과정에서도 시간 순서를 잘 생각해야 해.

어떤 문제인지 파악하기 → 어떻게 풀지 계획 세우기 → 계획대로 풀기 → 제대로 풀었는지 반성하기

– 영역 및 연관성에 따라 얼개 짜기

수학체험전이나 수학도서전 등을 관람한 뒤
수학일기를 쓸 경우에는 시간적 순서 대신 공간
(영역)에 따라 얼개를 짤 수도 있어. 체험전이나
전시회를 가면 비슷한 것들을 가까운 공간에 전시하는
경우를 많이 볼 수 있는데, 수학의 영역도 수와 연산, 도
형, 측정, 규칙성과 문제 해결, 확률과 통계 등 영역별로 묶
거나 구분해 얼개를 짤 수 있어. 또한 수학 책을 읽을 때도
전에 수학일기에 쓴 것과 관련 있는 것을 읽었다면, 연관
성이 있는 것끼리 연결해 수학일기를 써도 좋아.

– 비교나 대조로 얼개 짜기

비교나 대조로 얼개 짜기는 2가지 이상의 방법에 대해 비교하
거나 대조하는 것이기 때문에, 수학 문제를 해결하는 2가지 이상
의 각기 다른 방법 등을 비교·대조하면서 수학일기를 쓰는 것을
말해. 이렇게 하면 한눈에 알아보기 쉽고 분석력을 기를 수 있어.

어떤 수학적인 약속을 하나 쓰기 (평행사변형)	앞에서 약속한 것과 관련이 있는 것을 비교 대조하기 (마름모, 직사각형)	비교와 대조를 통해 얻은 수학적 사실이나 원리를 정리하기

- 인과관계에 따라 얼개 짜기

모든 일에는 결과와 원인이 있어. 논리정연하게 수학일기를 쓰려면 원인과 결과를 잘 파악하면서 써야 해.

예를 들어 수학 수업을 중심으로 구성한다면, 분수의 덧셈에 대한 수업에서 진분수의 덧셈(계산의 결과가 진분수인 경우) ⇨ 진분수의 덧셈(계산의 결과가 대분수인 경우) ⇨ 대분수의 덧셈 등의 순서로 글을 쓰는 게 좋아.

생각 묶기
① 다발 짓기
② 얼개 짜기
③ 관심 묶기

(5) 쓰기 유형 정하기

글쓰기를 계획하고 생각을 꺼내고, 무엇을 쓸지 정했다면, 다음은 어떤 유형으로 쓸지를 정해야 해. 수학일기 쓰기 유형에는 여러 가지가 있는데 크게 설명적으로 쓰기, 창의적으로 쓰기, 수학 기호 사용해서 쓰기, 자신만의 표현을 쓰기 등으로 나눌 수 있어.

① 설명적 쓰기

선생님이 칠판에 문제 푸는 것처럼 설명하거나 요약하는 방법으로 쓰는 것을 설명적 쓰기라고 해. 이런 일기 쓰기유형에는 문제 풀이 방법이나 수학 관련 내용 설명하기, 도움 학습지 쓰기, 질문 활용해서 쓰기 같은 것들이 있어.

2011년 5월 10일

제목 : 순서가 중요한 계산

4학년이 되니 수학이 힘들어졌다. 그 원인 중에 하나가 계산이 복잡해진 탓이다. 3학년 때까지는 사칙연산(+, −, ×, ÷)에서 하나의 연산만 사용했는데 4학년이 되니까 연산 기호들이 섞여 나오면서 연산의 순서에 따라 계산의 결과가 달라진다. 순서를 정확하게 알지 못하면 답이 틀리게 되니 잘 기억해야 한다.

먼저, 덧셈과 뺄셈이 섞여 있는 경우에는 앞쪽(왼쪽)부터 차례로 계산해 가면 된다. 곱셈과 나눗셈이 섞여 있는 경우도 마찬가지이다. 여기까지는 그리 어렵지 않다.

그런데 덧셈, 뺄셈, 나눗셈, 곱셈이 섞여 있으면 덧셈과 뺄셈보다 나눗셈이나 곱셈을 먼저 계산하고 나중에 덧셈과 뺄셈을 계산해야 하는 것이다. 이것이 잘못되면 결과가 다르게 나온다.

거기에 괄호가 나오면 괄호 안에 있는 것을 먼저 계산해야 한다. 괄호를 먼저 계산하느냐 안 하느냐에 따라 계산 결과는 전혀 다르게 나온다. 오늘 수업시간에 72÷4+8−6을 하였는데, 괄호가 없으면 72÷4를 먼저 해서 나온 결과에 8을 더하고 6을 빼면 20이 나오지만, 아래처럼 이 식에 괄호가 있다면 괄호 안을 먼저 계산해야 해서 답이 0이 나온다. 아래 식을 보면 확실하게 구분이 되는 것을 알 수 있다. 이렇게 혼합계산 문제에서는 계산 순서가 무척 중요하다.

$$72 \div 4 + 8 - 6 = 18 + 8 - 6$$
$$= 26 - 6$$
$$= 20$$

①
②
③

$$72 \div (4 + 8) - 6 = 72 \div 12 - 6$$
$$= 6 - 6$$
$$= 0$$

①
②
③

2010년 6월 1일

제목 : 스도쿠

게임 중에 스도쿠라는 게임이 있다. 자세한 내용을 알고 싶어 인터넷에서 검색해 보았다. 그랬더니 이렇게 설명이 나와 있었다.

"18세기 스위스 수학자 레온하르트 오일러의 '라틴 사각형'이라는 퍼즐에서 유래했다고 알려진 이 게임은 1970년대 미국에서 '넘버 플레이스'란 게임으로 잠시 소개되었고, 이후 1984년 일본의 퍼즐 회사인 니콜리가 '스도쿠'라는 브랜드로 판매해 인기를 끈 뒤, 세계 각국으로 퍼지기 시작했다. '스도쿠'란 이름의 스(su)는 '숫자number', 도쿠(doku)는 '단독single'이라는 의미다. "숫자들이 겹치지 말아야 한다(Number is limited only single)"라는 뜻으로 'Sudoku'라 줄여서 부른 것이다."

게임의 법칙에 대해서도 자세히 소개되어 있었다. 스도쿠는 가로 세로 각 9칸씩 모두 81칸으로 이루어진 정사각형(9×9)에 알맞은 규칙에 따라 숫자를 배열하는 퍼즐 게임으로, 스도쿠를 푸는 법칙은 다음과 같다.

① 각각의 가로줄에 1부터 9까지의 숫자를 겹치지 않게 배열한다.

② 각각의 세로줄에 1부터 9까지의

76

숫자를 겹치지 않게 배열한다.

③ 동시에 전체 큰 정사각형 안의 가로 세로 3칸씩 모두 9칸으로 이루어진 작은 정사각형(3×3 상자) 안에도 1부터 9까지의 숫자를 겹치지 않게 배열한다.

스도쿠가 괜찮은 게임이라는 생각이 들었다.

2010년 7월 3일

제목 : 큰 수 읽는 법

오늘은 4학년에 올라와서 받은 첫 수학 수업이라 긴장을 많이 했다. 3학년까지는 복습만 하면 수학이 이해가 쉬웠는데, 4학년부터는 수학이 어려워진다고 해서 예습을 하고 나서 수업을 받았는데도 약간 어렵게 느껴졌다. 그중에서도 1단원인 '큰 수'에서 정말 큰 수를 읽고 쓰는 것이 만만치 않았다. 어떻게 큰 수의 자리를 빨리 정확하게 찾을 수 있을까? 그래서 교과서에 있는 것을 이용해서 내가 고안해 낸 것이 아래 표다. 하하하.

수	2	3	8	9	0	2	3	0	2	1	2	7	0	0	0	0
자리의 이름	천	백	십	일	천	백	십	일	천	백	십	일	천	백	십	일
				조				억				만				
수 읽기	이천	삼백	팔십	구조		이백	삼십	억	이천	백	이십	칠만	·	·	·	·

이 표만 있으면 교과서에 나오는 모든 큰 수를 다 나타낼 수 있다. 여기서 약간 주의해야 할 것이 중간에 있는 0이 있으면 그 자리는 읽지 않는 것이고 또 1이면 일백, 일천 등으로 읽지 않고 그냥 자리만 읽어 주면 된다. 이렇게 이 표만 보고 이해하면 모든 것이 쉽게 풀 수 있다. 내 방법을 친구들에게 알려 줘야지.

2011년 4월 23일

제목 : 곱셈

수업시간에 내 옆에 앉은 똑똑한 지현이가 갑자기 선생님께 "선생님! 곱셈은 언제부터 사용했나요?"라고 질문을 했다. 사실 '곱셈은 그냥 곱셈이지.'라고 생각해 오던 나한테는 참 이상한 질문이었다. 그런데 선생님께서는 곱셈을 언제부터 사용했는지에 대한 기록은 없지만 같

은 수를 여러 번 더하는 것은 오래된 기록에서 나온다고 말씀하셨다. 그래서 집에 와서 자료를 더 찾아보니 오늘날에 사용되는 곱셈기호 (×)는 1631년에 영국의 수학자 오트레드가 《수학의 열쇠》라는 책에서 처음으로 사용했다고 한다. 하지만 '× 기호'는 모양이 미지수를 나타내는 알파벳 x와 비슷해 혼동되기 때문에 잘 사용되지 않다가 19세기 후반에 이르러서야 광범위하게 쓰이게 되었다고 한다. 곱셈의 기호를 사용하게 된 것은 불과 100년이 좀 넘은 거였다. 100년 전 아이들은 곱셈 문제를 풀 필요가 없었다니……, 많이 부러웠다.

이와 같은 설명적 쓰기는 수학적 지식을 자신의 것으로 만들도록 도와주지. 이것은 수학에 대한 지식이나 정보를 일기의 중심에 두고 자신이 수학에 대해 이해한 것을 정리하는 방법이야.

② 창의적 쓰기

창의적 쓰기란 수학적인 내용보다는 형식을 창의적으로 쓰는 것을 말해. 가령 수학적 개념을 시로 표현하기, 이야기로 수학 문제 쓰기, 수학자에게 편지 쓰기, 연극 대본 형식으로 쓰기 등이 포함돼. 창의적으로 수학일기를 쓰려면 다양한 경험이 바탕이 되어야 하는데, 일상생활에서 얻을 수 있는 다양한 소재를 수학과 연결시켜 다양한 형식으로 표현해 보려는 노력을 해야 해.

2011년 4월 3일

제목 : 우정을 지키는 수학

친구 생일이라 모인 피자집
피자 아저씨
조각조각 8조각 내 주셨네

모인 친구 5명
한 조각씩 나눠 먹고
남은 조각 3조각
아! 어쩌란 말이냐?

원망스러운 피자 아저씨
피자에 그은 금
우정에 나는 금

앗! 또 다른 눈길
콜라 1.5L 한 컵 한 컵 나누니
모두 2번 먹고 2컵이 남네

못다 이룬 피자의 꿈
콜라가 채워 주네.

2011년 2월 8일

제목 : 망가진 체중계

우리 가족 몸무게는
키 큰 아빠도 55킬로그램
산돼지 엄마도 55킬로그램
수영 잘 하는 누나도 55킬로그램
멧돼지인 나도 55킬로그램

우리 집 체중계는 너무 공평해
우리 집 망가진 체중계가 좋아
아빠랑 나랑 엄마랑 똑같잖아
근데 싫을 때도 있어
열심히 살 빼는데 안 가르쳐 주고
다이어트를 해도 55킬로그램

하지만 많이 먹고 싶을 때는 좋아
공룡처럼 먹어도 55킬로그램
그래서 버리거나 고치기 싫어
엄마 몰래 숨겨 놨지
내 침대 밑에다 숨겼는데
엄마가 찾아내고야 말았지만
55킬로그램 보고 체중계는 살아났지.

③ 수학기호 사용해서 쓰기

이것은 수학에서 사용되는 기호들을 이용해서 수학일기를 쓰는 거야. 수학적 기호를 문장의 중간에 넣어서 표현해 봄으로써 수학적 생각을 할 수 있고 또한 표현력도 향상될 수 있어.

2010년 8월 7일

제목 : =와 함께한 하루

거울을 볼 때마다 생김새가 너무 =는 생각이 드는 쌍둥이 동생과 힘을 +해서 책상을 □모양으로 배열했다. 힘들게 일하고 음료수를 ÷어 먹었다. 힘들게 일을 해서인지 몸무게도 −서 좋았다. 이런 것을 어려운 한자성어로 일석이조라고 한다. 즉, 1개의 노력으로 2개의 좋은 결과를 얻었다는 뜻이지. 이번에는 동생하고 어떤 것을 같이 할까? 음. 내일에는 △김밥을 만들어서 가족들과 ÷어 먹으면 좋겠구나. 그러면 가족끼리의 사랑이 +해지는 것이 아니라 ×해지겠지.

④ 자신만의 표현으로 쓰기

자신만의 표현으로 쓰기는 형식에 얽매이기 보다는 자신의 생각을 자유롭게 표현하는 방법으로, 공부한 수학 내용에 대해 나름대로 자신의 생각을 쓰거나 문제 해결 과정에서 떠오르는 생각을 정리해서 쓰는 것이야. 이런 수학일기는 다른 친구들하고 의견을 교환할 때 효과적이지.

쓰기 유형 정하기

① 설명적 쓰기
② 창의적 쓰기
③ 수학기호 사용해서 쓰기
④ 자신만의 표현으로 쓰기

지금까지 수학일기를 쓰기 전에 정해야 할 것들을 설명했어. 제법 많은 것을 이야기했는데 모두 기억하니? 다시 한 번 정리하면 다음과 같아.

쓰기 전에 해야 할 것

① 왜 수학일기를 쓰는지 알기
② 주제 정하기
③ 생각 꺼내기
④ 생각 묶기
⑤ 쓰기 유형 정하기

2. 쓰는 중에 해야 할 것

(1) 제목은 분명하게

수학일기를 쓰기 전에 주제를 정하고 얼개를 짜는 등, 어떻게 쓸지를 정했더라도 막상 글을 쓰려고 연필을 들면 어떤 제목으로 글을 써야 할지 막막해져. 근사한 제목을 붙였다면 글쓰기의 절반을 했다고 할 정도로 제목 정하기는 어렵고 중요하거든. 제목을 써 보면 이번 수학일기는 대략 어떤 것이고 어떻게 쓸 것인지가 나와. 수학일기 쓰기 전에 주제를 정하고 얼개를 짜라고 설명했는데, 이와 동시에 제목을 어떻게 붙일지 생각해야 글의 전체적인 내용이 한 주제 안에서 서로 연결될 수 있어. 실제로 아이들이 쓴 수학일기에는 다음과 같은 제목이 있었어.

도형나라 사람들

계산기를 쓰면 안 돼요?

내 몸무게의 변화

아름다운 수학 기호

수학 숨바꼭질

이런 제목들을 보면 내용이 떠오르니? 어떤 글일지 감이 잡히는 경우가 있고 호기심이 들기도 하는데 어떤 내용인지 모르는 경우도 있지 않니?

예를 들어 '내 몸무게의 변화'는 내 몸무게를 측정하여 표로 나타내거나 그래프로 나타내어 내 몸무게의 변화를 수학적인 방법을 써서 나타내는 거라 예상할 수 있어. 그런 반면에 '수학 숨바꼭질' 같은 경우는 수학이 숨바꼭질을 한다고? 어떤 것이 숨어 있을까? 하는 의문이 들면서 궁금하기는 한데 정확한 내용은 실제 읽어봐야 알 수 있어.

또한 주제의 범위가 너무 넓은 제목도 있어. '도형나라 사람들'이란 제목을 보면 삼각형, 사각형, 이등변삼각형, 정삼각형,

사다리꼴, 마름모, 평행사변형, 직사각형, 정사각형, 원 등 지금까지 배운 모든 도형을 한 일기에서 다룬다는 생각이 들 수도 있어. 이런 것을 모두 설명하려면 너무 방대한 내용이 될 거야. 그런 면에서 제목이 너무 포괄적이면 글을 쓸 때에 문제가 될 수 있어. 그래서 내용을 잘 나타낼 수 있는 제목을 붙이면서 제목만을 보고서도 어떤 내용인지 짐작할 수 있도록 제목을 정하는 연습을 해야 해.

(2) 시작은 쉽고 간단하게

모든 글쓰기에서 제목 잡기는 어렵고 중요하지만 글의 시작(도입)을 어떻게 할지 정하는 것도 어려워. 제목과 관련지어 시작할 수 있고, 글의 핵심이 살짝 드러나게 쓸 수도 있어. 아니면 선생님의 말씀이나 읽은 책에 있는 것을 인용하면서 시작할 수 있고 날씨나 계절, 장소를 글의 시작으로 할 수도 있지. 한마디로 너무 다양한 방법으로 시작할 수 있어. 하지만 다양하다는 것은 그만큼 선택하기가 쉽지 않다는 것이기도 해.

너무 수학적 개념 위주의 딱딱한 문장으로 시작하면 수학일기를 전개하는 데 어려워질 수도 있으니까 간단하면서 쉬운 문장으로 시작하는 것이 좋아. 그런 면에서 다음과 같이 유명한 수학자의 인용구로 수학일기를 시작해도 좋아.

2010년 2월 9일

제목 : 세계 공용어인 숫자

수학은 인종도 국경도 따지지 않는다. 수학의 세계에는 오직 한 나라만이 있다." – 다비드 힐베르트

아프리카의 학교에 가서 그 나라에서 쓰는 말이 아닌 말로 3+2를 물으면 어떤 말을 하고 있는지 아마 빤히 쳐다볼 것이다. 하지만 칠판에 '3+2='를 쓰면 '5'라는 숫자를 쓸 것이다. 이처럼 수학은 전 세계를 묶는 가장 강력한 언어라고 할 수 있다. (이하 생략)

2010년 3월 5일

제목 : 수의 세계

"인류가 닭 두 마리의 2와 이틀(2일)의 2를 같은 것으로 이해하기까지는 수천 년이라는 시간이 걸렸다." – 버틀런드 러셀

수학에서의 수는 여러 가지를 나타낸다. 만일, 3이라면 3개가 될 수 있고, 3시간, 사흘, 셋째아들 등이 될 수 있는 것이다. 이렇게 여러 가지 뜻을 가지고 있다. (이하 생략)

(3) 본문에는 핵심을

다른 글쓰기와 마찬가지로 수학일기도 본문에는 글의 핵심이 담겨 있어야 해. 그런 핵심을 쓸 때 시간의 흐름에 맞춰 쓸 수도

있고 생각나는 대로 열거해서 주제에 맞게 묶은 뒤 쓸 수도 있고, 원인과 결과, 문제점과 해결책 등을 이용해서 쓸 수도 있어.

생활일기를 쓰는 일반적인 방법은 시간의 흐름에 따라 쓰는 거야. 마찬가지로 수학일기도 수학적 경험을 시간의 흐름대로 쓰면 글을 무난하게 쓸 수가 있어. 보고 듣고 만진 수학적 경험이라는 객관적 사실에, 자신의 생각이나 느낌 같은 주관적 의견을 보태어 쓰면 돼. 이런 수학일기 쓰기는 생활일기나 글짓기와 별반 다르지 않기 때문에 수학일기를 처음 쓰는 학생이나 계속해서 써 왔던 학생 모두에게 어려움이 덜해.

그런데 생활일기와는 다르게 수학일기를 쓸 때 어떤 수학적 사실에 대해 쓰려고 하면, 일이 일어난 차례대로 생각나기보다는 뒤죽박죽 생각나는 경우가 많아. 그래도 괜찮아. 그렇게 다양하게 생각난 것을 주제별로 관련지어 묶어 주고 거기에 자신의 생각과 의견을 정리해서 덧붙여 쓰는 방법으로 하다 보면 수학적 내용과 함께 머릿속의 수학적 개념도 같이 정리되는 것을 볼 수 있어.

$$3+3+3+3 = 3 \times 4 \quad , \quad 3 \times 3 \times 3 \times 3 = ???$$

예를 들어 1002를 십의 자리에서 올림하여 나타내라는 문제가 있다고 해 봐. 어떤 학생이 이 문제를 십의 자리에서 올림을 하라고 하니까 십의 자리의 숫자를 보는데 십의 자리 숫자가 0이니까 1000이라고 잘못 써서 틀렸다면, 이 주제로 수학일기를 쓰면서 올림에 대한 자신의 생각을 정리할 수 있어. 이렇게 정리하고 나면 나중에 선생님이나 다른 사람에게 자신의 잘못된 생각에 대해서 구체적으로 질문을 할 수도 있게 돼.

또 원인과 결과, 문제와 해결방법 제시와 같은 방법으로 써도 돼. 수학이라고 생각하면 가장 먼저 떠오르는 게 문제 풀이야. 문제가 제시되고 그것을 해결하는 것이 자연스러운 전개이듯 수학일기에서도 어떤 문제를 제시하고 선생님의 풀이나 다른 친구의 풀이를 적고 내가 푼 나만의 방식을 적은 뒤, 서로 비교해 가면서 일기를 쓰면 주어진 수학 문제를 바라보는 안목이 생길 거야.

또한 원인에 따른 결과를 쓰고 또 결과에 이어진 원인을 쓰는 식으로 계속 연결해 가면서 쓰는 방법도 있어.

예를 들어 곱셈이 처음 나올 때는 같은 수를 계속해서 더하는 것을 간단하게 나타내는 데에서 나왔다고 해 봐.

3+3+3+3 같은 경우에 간단하게 나타내는 방법을 3×4로 3을 계속해서 4번 더하라는 의미로 사용해. 그렇다면 3을 4번 곱하는 것에 대해서는 따로 기호가 없을 것인가에 대한 생각해 보는 거야. 3×3×3×3은 어떻게 나타낼 것인지에 대해 생각해 보는 거지(이럴 때는 3×3×3×3=3^4이라고 3의 오른쪽 위에 작은 글씨로 몇 번 곱했는지 쓰면 된다).

(4) 마무리는 명료하게

일기에서 마지막은 자기중심적으로 쓰고 본문을 요약해서 나타내야 하니까 길지 않게 써야 해. 자신이 느낀 점, 생각한 점을 중심으로 쓰면서 자신의 각오나 다짐, 반성 등을 쓰는 것도 좋은 마무리야. 또 문제 해결 과정에서 떠오르는 관련된 질문 등으로 마무리하는 것도 좋아. 몇 가지 예를 들어 볼까?

2011년 4월 9일

제목 : 옛날 주사위

오늘은 주사위를 가지고 놀면서 수학 수업을 했다. 그런데 마지막에 선생님이 우리 옛날 조상들이 가지고 놀았던 주사위가 얼마 전 경주

에서 발굴되었다고 한다. 이 주사위의 이름은 '목제 주령구'라고 한다. 이 주사위에 대해서 조금 더 알아보면 재미있을 것 같다.

2011년 5월 3일

제목 : 세상에서 가장 큰 수

수학 수업에서 지금 배우는 큰 수는 조까지밖에 없다고 선생님이 말씀하셨다. 왜냐하면 실제 생활에서 조까지밖에 사용 안 한다는 것이다. 그렇지만 선생님은 동양에서 사용하는 가장 큰 수는 '무량대수'라고 알려 주셨다. 그렇다면 세상에서 가장 작은 수는 무엇일까? 이것이 알고 싶다.

자, 여기서 수학일기를 쓰는 중간에 체크해야 할 것들을 다시 정리해 볼까?

쓰는 중에 해야 할 것
① 제목은 분명하게
② 시작은 쉽고 간단하게
③ 본문에는 핵심을
④ 마무리는 명료하게

3. 쓰고 난 후에 해야 할 것

쓰고 난 후에는 다시 읽어 보면서 다듬기를 꼭 해야 해. 어떤 글이든 글다듬기인 퇴고의 작업이 필요하단다. 내용과 형식을 모두 보고 특히, 내용 전달이 불명확하고 생각이 혼란스럽게 표현된 곳 등을 찾아서 고쳐 쓰면 좋은 수학일기를 쓸 수 있을 거야.

(1) 깔끔하게 글 정돈하기

글을 쓰다 보면 내용이 앞뒤가 맞지 않을 수도 있고 맞춤법도 틀릴 수 있고, 또 수학일기이므로 수학 계산이나 수학적 설명이 이상할 수도 있어.

글다듬기를 하려면 먼저 훑어 읽기를 해야 해. 처음부터 꼼꼼하게 읽으면서 고치려고 하면 글을 새롭게 쓰는 것 못지않게 힘들거든. 그러면 글을 다시 읽고 싶은 마음이 쉽게 들지 않아. 그러니까 처음에는 가벼운 마음으로 내가 쓰고자 하는 의도를 잘 살려서 썼는지, 새롭게 넣을 것은 없는지, 지워야 할 것은 없는지, 다른 것으로 바꿔야 하지는 않은지, 앞뒤를 바꿔야 하지는 않은지 등을 전체적으로 살펴보는 거야. 그 다음에 수정할 것이 있으면 본격적으로 수정하면서 글을 다듬어 가면 처음보다 훨씬 더 짜임새 있는 글이 된단다.

자신의 글을 다시 보고 싶지 않은 경우가 많아. 고치는 것이 귀

찾기도 하고 고칠 것이 많으면 창피할 수도 있지만, 좋은 글은 여러 번 고칠 때 나와. 노벨 문학상을 받은 헤밍웨이의 《노인과 바다》라는 작품은 헤밍웨이가 작품을 쓰고 200번이 넘게 고쳐 썼다고 하잖아?

(2) 다 쓴 뒤 평가하기

자신이 쓴 일기를 다른 사람에게 보여 주고 평가를 받는다는 것은 쉬운 일은 아니야. 하지만 수학일기는 다른 사람들에게 보여 주고 나도 다른 친구의 수학일기를 보면서 거기에 나오는 수학적 내용이나 독특한 표현, 구성 등을 보면 서로에게 도움이 돼. 몇몇 친구들이 모여서 수학일기를 서로 돌려서 본다든지 학급에서 전체적으로 수학일기를 써서 게시판에 전시를 한다든지 하는 활동을 하면 서로 자극도 되어 발전할 수 있는 기회를 가질 수 있어.

(3) 잘 보이는 곳에 전시하기

수학일기를 쓰고 나만의 것으로 간직하는 것도 좋지만 자신이 쓴 글 중에서 잘된 작품들은 다른 사람들에게 보여 주기 위해 작품화하는 것도 좋아. 그러기 위해서는 그동안 써 온 수학일기 중 잘 쓴 것을 모아서 스크랩을 해 놓거나 자기 블로그에 차곡차곡 수학일기를 써서 올려 보렴. 나중에는 훌륭한 자료가 될 수 있어. 그렇게 자료를 만들어 놓다 보면 기회가 돼서 책으로 만들 수도 있고, 수학 관련 글쓰기 대회에 출품할 수도 있을 거야. 준비한 사람에게는 반드시 기회가 온단다. 특히 입학사정관제가 대입에서 확대되고 있는 실정이라, 독서이력제와 더불어 자기만의 수학일기 공책 등은 훌륭한 자기주도 학습법의 증거 자료가 될 수 있거든.

공책에 수학일기를 기록하는 것도 좋지만 자신만의 블로그를 만들어 글을 올린다면, 친구나 선생님, 맞벌이로 바쁜 부모님도 손쉽게 읽어 보고 의견도 달아 줄 수 있단다.

이때 항상 자신이 쓴 글 중에서 좋은 글은 여러 번 읽어, 다음 글을 쓸 때 어떻게 글을 쓰는 것이 좋은지를 참고할 수 있도록

해야 해. 항상 새롭고 다양한 구성과 표현을 시도해 보는 노력도 잊지 말고.

자, 수학일기를 쓰고 난 후에 해야 할 일이 뭐였는지 다시 정리해 볼까?

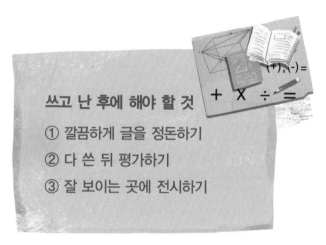

쓰고 난 후에 해야 할 것

① 깔끔하게 글을 정돈하기

② 다 쓴 뒤 평가하기

③ 잘 보이는 곳에 전시하기

시작•l 반•l다, 초 간단 수학•l기 쓰기!

수와 연관 지어 써 보자

이것은 어떤 숫자와 연결해서 생각을 이어가는 거야. 예를 들어 "오늘은 3월이다."라면 3과 관련된 글을 써 보는 거지. 또는 "나는 오늘 3번 양치질을 했어. 아침 먹고 한 번, 점심 먹고 한 번, 저녁 먹고 한 번 모두 3번을 했어." 이렇게 쓰면 돼. 여러분도 직접 써 봐. 처음이니까 간단해도 상관없어.

도형과 연관 지어 써 보자

세모, 네모, 동그라미, 둥근 기둥 모양, 공 모양, 상자 모양이 있다고 해 봐. 이 도형 중에서 하나를 골라 그것에 관련된 수학일기를 써 봐. 즉, 사각형을 고르면 사각형과 관련된 글쓰기를 하고 삼각형을 고르면 삼각형과 관련된 글을 써 봐. 또 자신이 고른

모양을 이용해서 오늘 있었던 일과 연관
지어 글을 써 봐. 동그라미를 골랐다면 어
떻게 글을 쓸까? 이렇게 쓸 수도 있겠지.

"나는 오늘 동그란 접시에 잘 익은 계란 프
라이를 담아 먹었다. 동그라미가 세 개다."

이번엔 여러분이 직접 써 봐.

직사각형을 골랐다면 어떻게 글을 쓸까? 오늘 본 모든 직사각
형을 떠올려 봐. 책상, 공책, 책, 칠판, TV, 에어컨, 거울, 문 등
이 있겠지. 만약 둥근 기둥 모양을 골랐다면 어떻게 글을 쓸까?
오늘 마신 음료수, 전봇대 등에 대해 글을 써 보는 거야. 음료수
야, 너는 왜 둥근 기둥 모양이니? 만일 둥근 기둥 모양이 아니라
사각 기둥 모양이라면 어떻게 되었을까? 등에 대해서 쓰는 거야.

상상해서 써 보자

이번에는 실제 있었던 이야기가 아니라 상상력을 동원해서 한

번 써 봐.

❶ 세상에 도형이 모두 네모밖에 없다면 어떤 일이
일어날지 상상해 보고, 그 상상에 따라 오늘 하루의
일기를 써 봐.

아침에 눈을 떠 보니 이상한 일이 두 가지나 생겼다. 숫자가 없어지
고 네모를 제외한 모든 도형이 사라졌다. 아니 모두 네모가 된 것이
다! 그래서 나는 네모난 동전을 들고 슈퍼마켓에 갔다. 아저씨에게 동
전 한 개만 주고 과자 5봉지를 사 왔다. 어떻게 그게 가능하냐고? 오
늘 아침부터 동전에 있는 모든 숫자가 사라졌기 때문이다. 실컷 과자
를 먹을 수 있어서 좋았는데 내 통장을 열어 보니 남은 돈이 전혀 없
었다. 으앙! 어떻게 모은 용돈인데!

----

❷ 우리들이 사는 세상은 수와 관련된 게 많아. 아침에 일어나
자마자 시계를 보고 몇 시 몇 분인지를 알아야 학교에
지각을 하지 않지. 그리고 학교에서 몇 교시인지를

알아야 점심시간이 얼마나 남았는지를 쉽게 알 수 있어. 이렇게 우리 세상에는 수와 숫자가 많이 있는데, 만일 세상에 숫자가 사라진다면 어떤 일이 일어날까? 생각의 나래를 펼쳐 하루의 일기를 써 봐.

----

❸ 우리 살고 있는 곳은 입체 모양이 있는 3차원이야. 그렇다면 입체가 없고 평면밖에 없는 평면 세상이라면 어떻게 살고 있을지 상상해서 써 봐.

수학일기, 재미있을 것 같은데?

우아, 수학일기를 쓸 수 있는 방법들이 이렇게 많다니! 이 많은 방법중에서 도대체 어떤 것부터 시작해야 할지 잘 모르겠다. 내가 생각했던 것보다 다양한 방법이 있었다. 설명적 쓰기, 창의적 쓰기, 수학 기호를 사용해서 쓰기 등이 그중에서도 매우 인상적이었고 상상 일기도 마음에 들었다. 내가 평소에 생각할 수 없었던 수학이랑 관련된 일들을 상상해 보는 일은 너무 재미있는 것 같다.

이제까지 나에게 수학은 뾰족하고 딱딱한 무엇, 엄격한 선생님 같은 느낌이었다. 이제는 말랑말랑하고 달콤한 마시멜로우가 될 수도 있겠다는 생각이 들었다.

내 생각에는 쓰는 과정 중에 가장 중요한 게 제목과 주제를 잡는 거랑 시작 방법을 재미있고 매력적으로 쓰는 일 같다. 그것만 되면 나머지는 다른 글쓰기와 크게 다르지 않을 것 같다.

수학이 사라진 세계? 수학 용어가 뒤죽박죽이 된 나라? 많

이 틀릴수록 높게 나오는 수학 점수? 수학일기가 아니었다면 이런 상상은 해 보지도 못했을 것이다.

　오늘 집에 가서 동생이랑 엄마랑 함께 우리가 살고 있는 세상이 입체가 아닌 평면이라면 세상은 어떨지 같이 이야기해 보고, 그림으로도 그려봐야겠다. 평면만 있다면 어떤 세상이 펼쳐질까? 금방이라도 내가 수학일기를 줄줄줄 쓸 수 있을 것만 같다. 생각하는 것만으로도 재미있다.

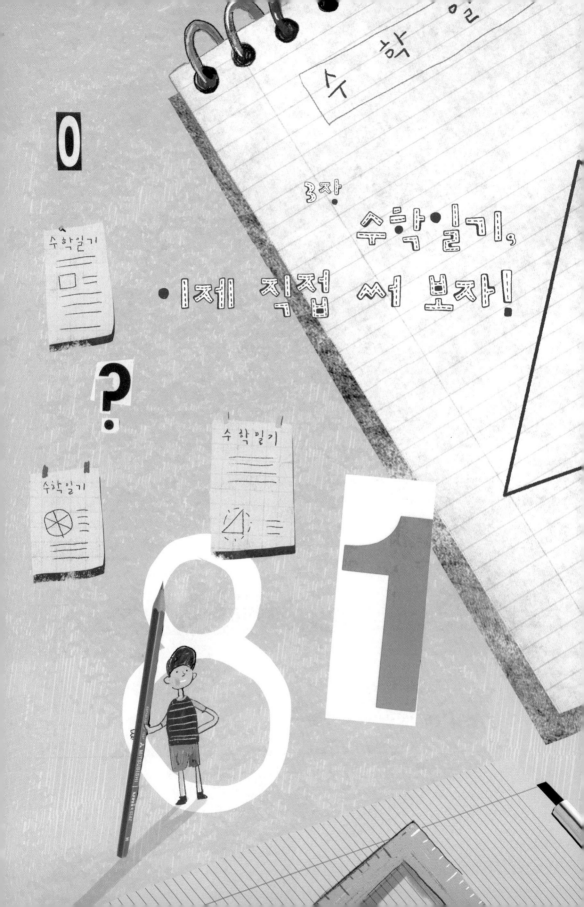

친구들의 수학일기

안녕~ 지금부터 여러분을 위해 여러 종류의 수학일기를 소개할 날씬하고 세련된 정민 샘이라고 해. 지금까지 들은 수학일기 쓰기 비법 잘 기억하고 있지? 앞에서 들은 설명을 통해 수학일기가 어렵지만은 않다는 걸 알았을 거야.

이번 3교시에서는 재미있는 수학일기 몇 개와 특히 우리 반 아이들이 직접 쓴 수학일기를 소개할게. 처음 수학일기를 쓸 때에는 수학적인 원리에 대한 거창한 내용이 아니라, 수학과 관련된 자신의 경험과 생각을 쓰는 것으로 시작하는 것이 좋아. 특히 수학시간 배운 것을 다시 떠올리며 수학일기를 써 보는 식으로, 자신이 스스로 계산 과정이나 문제 해결과정을 설명하는 글쓰기를 하면 수업 내용에 대해서 더 정확히 이해할 수 있게 되지. 자, 그럼 다양한 수학일기를 살펴볼까?

2010년 3월 8일 날씨 : 맑음.

제목 : 나는 몇 도로 잘까요?

우리 동생은 잠을 잘 때 큰 대(大)자로 잡니다.

다리는 예각이고, 팔은 직각이나 둔각으로

잡니다. 나는 과연 어떤 모습으로 잘까요?

<크기에 따른 각의 분류>

예각은 직각(90도)보다 작은 각입니다.

직각은 90도를 이루는 각입니다.

둔각은 직각보다 크고

180도보다 작은 각입니다.

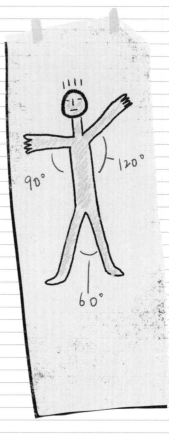

2010년 6월 12일 날씨 : 비 옴.

제목 : 엄마와 분수

여자들은 남들보다 더 날씬한 몸매를 갖고 싶어 한다. 아마도 진분수로 변신하고 싶은 것 같다. 그러나 맛있는 것을 먹을 때에는 남들보다 많이 먹고 싶어 한다. 너무 많이 먹으면 대분수로 변한다. 훌라후프는 대분수를 진분수로 바꾸어 주는 좋은 운동이다.

*진분수는 분자가 분모보다 작은 분수이며, 대분수는 자연수와 분수를 함께 쓴 것이다.

2010년 6월 30일 날씨 : 맑음.

제목 : 클수록 작아지는 크기

전지를 반으로 나누면 2절지라고 합니다. 1/2절
지가 되어야 맞을 것 같은데요. 그것을 또 반으
로 나누면 1/4절지가 아니라 4절지라고 합니다.
또 반으로 나누면 8절지, 또 나누면 16절지가
됩니다.

따라서 절지의 크기는 앞에 있는 숫자가 큰 16
절지가 아닌 2절지가 가장 큽니다. 왜냐하면
1/2이 1/16보다 크기 때문입니다. 헷갈리지 말
아야겠습니다.

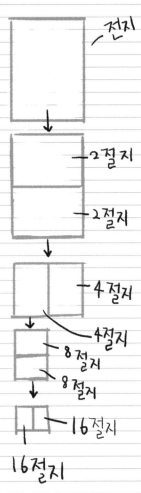

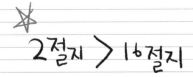

2절지 > 16절지

16절지

문제 : 9999999 × 7 = ?

2010년 5월 4일 날씨 : 흐림.

제목 : 빨리 풀기 시합

아빠하고 곱셈 빨리 풀기 시합을 했습니다.

문제는 9999999×7이었습니다.

내가 이겼습니다! 나는 규칙을 알아서 쉽게 풀었습니다. 아빠도 다른

규칙으로 빨리 풀었다고 합니다. 아빠의 규칙은 7×(10000000−1)이

랍니다. 내가 모르는 규칙이었습니다. 그래도 내가 이겼다는 거~. 신

났습니다.

어때? 아이들의 발랄하고 기발한 아이디어가 수학일기에 쏙쏙 들어 있지?

자, 이번엔 우리 반 친구들의 수학일기를 살펴볼까? 다음에 나올 일기는 수업 시간에 배운 내용을 바탕으로 한 거야.

'네 자리 수 + 세 자리 수'의 문제를 해결할 때, 우리 모두가 알고 있는 세로 셈을 이용해서 기계적으로 문제를 해결하는 것이 아니라, 자기만의 여러 가지 방법으로 문제를 해결했지.

일기를 쓴 예림이는 앞의 자리에 1을 올려 주면 그것이 무엇을 의미하는지를 정확히 모르고 있었는데, 일기를 쓰면서 그것이 의미하는 것이 무엇인지 알게 되었어.

이렇게 수학일기는 수학적인 원리에 대해 다시 한 번 생각해 볼 수 있게 도와주는 역할을 한단다.

2010년 8월 31일 날씨 : 맑음. ⟨3학년 예림이의 일기⟩

제목 : 여러 가지 계산 방법

오늘 천의 자리 수 + 백의 자리 수를 배웠다. 그런데 그것도 여러 가지 방법으로 풀 수 있다. 예를 들면 3789 + 894를 아래처럼 2가지 방법으로 더 쉽고 재미있게 풀 수 있다. 그리고 잘 이해 안 되는 게 한 가지 있다. 더하기를 할 때, 숫자 위에 1을 쓰는데 그 수가 진짜로 나타내는 수를 잘 모르겠다. 계산하면 천의 자리 위의 1=1000, 100의 자리 위의 1=100, 십의 자리 위의 1=10인 것 같다. 그래서 조금 헷갈려서 시험 볼 때 이 문제를 틀려서 아깝게 100점을 못 맞았다.

1. 3789 + 894
        900 – 6
   4689
        4683

2. 3789 + 894
   (3789–6) (894+6)
   3783 + 900
        4683

3.   1   1   1
   ▢ ▢ ▢ ▢
   + ▢ ▢ ▢
   ▢ ▢ ▢ ▢

또, 2학년 때 배웠던 세 자리 수 − 세 자리 수를 재미있게 풀면
답이 쉽게 나올 수 있다. 배웠던 문제라 쉬워서 지루하기도 한데
이렇게 푸니까 더 재밌게 풀 수 있어서 좋았다.
나는 오늘 수학의 어려움을 다 극복해 낸 것 같았다.

$$
\begin{array}{cc}
4. \ 756 & - \ 299 \\
756 + 1 & 299 + 1 \\
757 & - \ 300 \\
\end{array}
$$

457

〈선생님의 한마디〉

예림아! 배웠던 내용을 다시 새로운 접근법으로 시도해 보고 네
가 궁금해 했던 것도 해결했구나.

그리고 예림이가 이해되지 않는다던 '1'의 의미를 이렇게 풀어쓰
는 것도 좋지만 수 모형을 그려보면서 문제를 해결해 보면 어떨
까? 그럼 '1'의 의미에 대해서 확실히 알 수 있을 것 같구나!

111

2010년 9월 2일 날씨 : 비온 뒤 갬. 〈3학년 선아의 일기〉

제목 : 덧셈과 뺄셈

오늘 학교에서 덧셈과 뺄셈에 대해서 배웠는데 이런 궁금증이 생겼습니다. 덧셈은 왜 일의 자리부터 계산할까요? 뺄셈도 왜 일의 자리부터 계산할까요?

왜냐하면 덧셈과 뺄셈은 받아올림, 받아내림이 있기 때문입니다. 받아올림이란 1이 10개가 되면 10이라 쓰고 십이라 부르는 것이지요. 그것처럼 일의 자리에서 일이 10개가 되면 10을 십의 자리로 받아올림을 합니다. 10을 10의 자리로 1로 받아올림합니다. 받아내림이란 반대로 일의 자리에서 口에서 口을 못 빼는 경우가 있습니다. 5-6처럼 말이죠. 그럴 땐 십의 자리에서 1을 빼고 일의 자리에 10을 받아내림을 해줍니다. 15-6 이렇게요. 받아올림은 덧셈에 쓰이고 받아내림은 뺄셈에 쓰입니다.

여러분은 글을 쓸 때 왼쪽에서 오른쪽으로 써 갑니다. 그런데 덧셈이나 뺄셈을 할 땐(가로식) 일의 자리의 수부터 풀어야 하니 오른쪽에서 왼쪽으로 계산합니다.

그렇다면 수 체계를 발명한 인도에서는 어떻게 계산했을까요?

초기의 인도에서는 왼쪽에서 오른쪽으로 더하는 방법을 사용했습니다. 자, 2785+5946의 계산을 볼까요?

① 셈판 위에 2785를 쓰고, 그 밑에 5946을 씁니다.

② 일의 자리부터 계산을 하는 것이 아니라 천의 자리부터 계산합니다. ⇒ 2+5=7

③ 백의 자리는 7+9=16이므로 천의 자리인 7을 지우고 받아올림한 1을 더해서 8로 바꿉니다.

④ 십의 자리는 8+4=12이므로 백의 자리인 6을 지우고 받아올림한 1을 더해서 7로 바꿉니다.

⑤ 일의 자리는 5+6=11이므로 십의 자리인 2를 지우고 받아올림한 1을 더해서 3으로 바꿉니다.

〈선생님의 한마디〉

와, 인도인들의 계산법이라고? 선생님이 알려준 내용이 아닌데도 선아가 직접 찾아보았구나! 그렇다면 이런 인도식 계산법은 누가 알아낸 것일까? 그것을 발견해 낸 사람에게 선아가 이런 계산방법으로 직접 계산해 보면서 느낀 점을 편지로 써 보는 것도 괜찮겠지?

2010년 11월 25일 날씨 : 맑음. 〈3학년 선아의 일기〉

제목 : 복잡한 바둑알, 쉬운 바둑알

수학 책을 보니까 수학 문제가 나와 있는데 흰 바둑알, 검은 바둑알, 흰 바둑알, 검은 바둑알 이렇게 계속 번갈아 가며 반복되는 거야. 그런데 구하고자 하는 것은 이런 규칙으로 50번째에는 무슨 색의 바둑알이 나올지를 구하는 문제였어. 어떻게 풀어야 할까?

하나하나 다 세어 볼까? 아냐, 그럼 시간이 너무 오래 걸릴 거야. 그럼 어떻게 하지?

아하～! 규칙이 반복되는 곳을 끊어서 규칙대로 번갈아 가는 것이 몇 개가 있는지 살펴보는 거야!

아래 그림을 봐. 흰 검, 흰 검, 흰 검 끝 색깔이 검은색이네～!

그리고 한 묶음에 2알씩이니까 2×□ = 50이란 식이 세

워질 수 있어. 이 식의 뜻은 '2알이 몇 번 있어야 50

번째가 될까?'야. □는 50÷2=25야. 어? 나눗셈이 딱

맞아 떨어지네. 그럼 여전히 끝이 검은색이란 뜻이야.

만약에 51번째를 물으면 51÷2=25…1이 되지. 1이 남겠

지? 그럼 51번째는 끝이 흰색이 되는 거야. 그러니까 답은 검

은색 바둑알이라 써 넣으면 되는 거지.

〈선생님의 한마디〉

책에 있던 문제를 선아만의 방식으로 잘 풀어 주었구나! 다른 문제가

나오더라도 이젠 스스로 잘 해결 할 수 있겠는걸? 단순히 문제를 푸

는 것에 그치지 않고, 다른 방향으로 나왔을 때에는 어떻게 해결할

수 있을 것까지 아주 잘 말해 주었어.^^

2010년 8월 31일 〈3학년 선아의 일기〉

제목 : 밥! 밥! 밥!

오늘 내가 밥과 반찬을 먹는데 밥을 보니 갑자기 '저 밥알들은 모두 몇 개일까?'라는 생각이 번뜩 들었다. 가만 생각해 보니 대충 어림은 할 수 있을 것 같았다. 내가 한 숟가락에 밥을 떠서 세어 보았더니 약 90알 정도 들어갔다. 내가 19숟가락만큼 떠먹었으니까 90×19=1,710, 한 공기 안에 들어 있는 밥알은 약 1,710알이었다. "어, 그런데 7알이 더 남았네? 엄마가 싹싹 먹으라고 했는데……. 1,710+7=1,717알 난 한 끼에 약 1,717알을 먹은 셈이다.

하루에는 1,717×3=5,151, 약 5,151알,

한 달에는 5,151×30=154,530, 약 154,530알,

그럼 1년에는 154,530×12=1,854,360, 약 1,854,360알!

내가 1년에 180만 개가 넘는 밥알을 먹다니, 놀랍다!

<선생님의 한마디>

선아가 생활 속에서 스스로 찾아낸 궁금증을 수학을 이용해서 잘 해결해 주었구나.

이밖에 다른 상황에서도 수학을 이용해 문제를 해결할 수 있겠지?

이런 상황 말고 또 어떤 상황에서 수학을 이용할 수 있을까? 다른 상황에서도 한번 생각해 보자꾸나.

2010년 9월 2일 날씨 : 태풍이 불다. ⟨3학년 유의 일기⟩

제목 : 친절한 수학 선생님, 알바 언니

⟨선생님의 한마디⟩

유야, 수업시간에 배운 내용을 만화에 잘 적용했구나! 그런데 덧셈은
도대체 어디서부터 시작된 것일까? 덧셈이 시작된 상황을 상상해서
그려보는 것도 재미있을 것 같은데?

2010년 11월 23일 날씨 : 바람 많이 붐. 〈3학년 상우의 일기〉

제목 : 수학이 없어진다면?

일단 그래프가 없어진다면 표로 나타낸 것을 한눈에 알아보기 어렵고, 자료를 정리할 때 불편하다. 덧셈 뺄셈이 없으면 기본적인 계산들이 전혀 되지 않을 것이다. 곱셈이 없으면 어려운 계산도 다 덧셈으로 해야 하기 때문에 계산하기가 무지 불편할 것이다. 분수가 없으면 다들 똑같이 나눌 때 어려울 것 같다.

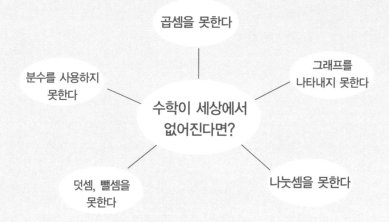

〈선생님의 한마디〉

상우는 자신의 눈높이에서 수학이 사라진 세계를 잘 정리했구나. 한눈에 잘 들어오는걸? 선생님 같은 어른이 상상하는 수학 없는 세상은 훨씬 더 무섭고 혼란스럽단다. 상우가 한 이야기 말고, 더 많은 상황들을 상상할 수 있겠지?

선아의 두 번째 일기에서 선아는 밥을 먹다가 갑자기 '내가 먹는 밥알이 얼마나 될까?' 하는 의문을 가지고 수학일기를 썼어. 선아는 자신이 궁금했던 것을 그림과 함께 표현하면서 자기 스스로 궁금증을 해결했어. 이렇게 수학일기는 자신이 일상생활에서 마주하는 수학적인 상황을 글뿐만 아니라 그림으로도 표현할 수 있단다.

뿐만 아니라 유와 지은이의 일기처럼 수학과 관련된 내용으로 스스로 이야기를 만들어 쓸 수도 있어.

수학일기의 방식은 매우 다양하기 때문에 아주 많은 가능성을 열어 두고 여러 방법으로 표현할 수가 있어. 이러한 수학일기를 써 보면 창의성을 계발하는 데 많은 도움이 된단다.

여러 가지 형태의 수학일기를 본 소감이 어때?

물론 아직은 논리적 증명 과정 같은 전문적인 수학 전개 과정이 없긴 하지만, 수학에 대해 새롭게 알게 된 내용이나 그것과 관련된 자신의 생각과 느낌을 쓰면서 수학에 한 걸음 더 다가서는 모습을 가까이 느낄 수 있었을 거야.

관심을 먹고 크는 수학일기

전 세계적으로 봤을 때 우리나라 초등학생들은 수학을 매우 잘하지만 수학을 좋아하는 아이들은 별로 없다고 해. 이러한 결과는 수학이 단순히 문제를 푸는 과정에 불과하다고 생각하기 때문일 거야.

하지만 수학일기 쓰기를 통해 아이들이 수학에 대한 자세가 약간은 바뀔 수 있을 거야. 일상생활의 상황을 수학적으로 생각해 보려 한다거나 적어도 수학이 단순히 문제를 푸는 것이라는 생각은 하지 않게 되겠지?

우리들의 엄마, 아빠 역시 아이들이 수학일기를 통해 '수학'에 한 층 더 다가설 수 있게 되었다는 의견을 많이 주셨어. 대부분의 경우에는 일상의 일들을 수학적으로 생각하려는 태도를 지니게 되어 수학일기에 대해 긍정적으로 생각한다는 의견이었지만, 몇몇 부모님들은 수학을 못하는 아이들은 수학일기를 쓰는 것이 어렵지 않은가 하는 우려 섞인 의견을 내놓기도 하셨어. 하지만 앞서 살펴본 것처럼 수학일기는 결코 수학을 잘하는 아이들만을 위한 것이 아니야. 수학일기의 주인공인 아이들의 반응처럼 일기를 통해 수학을 더 친근하게 생각하도록 만드는 것이 수학일기 쓰기의 중요한 목표야. 그러니까 수학을 잘하고 못하는 것과는 절대 상관이 없다는 것을 잊지 말아야 해.

다음의 내용은 우리 친구들이 쓴 수학일기를 보고, 부모님들이 직접 느낌을 써 준 것이야. 대부분의 부모님들은 우리 친구들의 수학일기의 내용에 대해서는 구체적인 언급을 하진 않았지만, 수학일기를 통해 수학적으로 생각해 보려고 노력하는 것을 긍정적으로 생각했어.

2010년 9월 2일 날씨 : 비 옴. 〈3학년 예빈이의 일기〉

제목 : 덧셈과 뺄셈

수학은 우리가 살아가는 데 꼭 필요하다. 수학에는 무엇이 있을까? 바로 덧셈, 뺄셈, 나눗셈, 곱셈 등, 많은 것들이 수학에 담겨 있다.

$$
\begin{array}{r}
{\scriptstyle 1\ \ 1} \\
6\ 3\ 9 \\
+\ 8\ 7\ 6 \\
\hline
1\ 5\ 1\ 5
\end{array}
$$

⊙ 덧셈이란 무엇일까?
예를 들면 이런 게 바로 덧셈이다. 덧셈은 받아올림이 많아도 참 쉽고 재미있다.

```
    6 14 10
    7  5  3
 -  2  5  9
    4  9  4
```

⊙ 뺄셈이란 무엇일까?

뺄셈은 못 빼는 게 있으면 앞에서 빌려 주고, 그냥 뺄 수 있는 것은 빌려 주지 않는 것을 뺄셈이라고 한다.

```
        16
    2 ) 32
        2
       ─────
        12
        12
       ─────
         0
```

⊙ 나눗셈이란 무엇일까?

나눗셈은 나머지가 있으면 쓰고, 없으면 안 쓴다. 중요한 것은 자리수를 꼭 맞춰야 한다는 것이다.

```
      26
   ×  19
   ─────
     234
     260
   ─────
     494
```

⊙ 곱셈이란 무엇일까?

곱셈은 나눗셈처럼 자리수를 맞추어야 하고 올려줄건 올려 줘야 한다. 이렇게 재미있는 수학을 난 100번이나 풀고 싶다.^^

〈어머니의 한마디〉

예빈이가 수학일기를 잘 썼네! 그래 수학은 우리 생활에 꼭 필요해. 예를 들어 네가 문구점에 가서 학용품을 사고 돈을 거슬러 오는 것. 엄마가 시장가서 물건 사고 계산하는 것 등 이 외에도 엄청 많지. 수학은 네가 일기에 썼듯이 +, −,×,÷만 잘하면 쉽게 공부

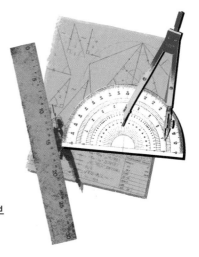

할 수 있는 재미있는 과목이지. 예빈이도 조금만 더 열심히 하면 수학박사가 될 거야! ^^♡

지금까지 어린이들이 각자 자신의 생각과 방법으로 수학일기를 쓰고 선생님과 부모님이 의견을 단 것을 살펴봤어. 이번에는 수업 시간에 선생님이 제시한 한 가지 주제로 여러 학생들이 쓴 수학일기를 소개하려고 해.

수에 대한 어림에 관한 내용을 배운 후, 반올림의 개념에 대한 궁금증을 주제로 주었어. '반올림할 때 왜 5를 올림할까?'에 대해 생각해 보고 여러 친구들이 다른 방법이나 표현으로 수학일기를 쓴 것을 보면 같은 주제를 어떻게 다르게 접근해서 일기를 쓰는지를 관찰할 수 있단다.

2010년 8월 9일 날씨 : 맑음. 〈경우의 수학일기〉

보통 우리는 2678원이면 2680원이라고 여긴다. 2671원, 2672원, 2673원, 2674원은 대부분의 사람들이 2670원이라고 여긴다. 또 2676원, 2677원, 2678원, 2679원은 2680원이라고 생각한다. 그런데 왜 2675원은 2670원 또는 2680원이라고 읽을까? 과연 어떤 게 정답일까? 4학년 수학에서는 '반올림'이란 것을 배운다. 반올림에 따르면, 1, 2, 3, 4까지는 버리고, 5, 6, 7, 8, 9는 올린다고 나와 있다.

그래서 반올림법에 따르면 2680원이다. 하지만 왜 5가 올라가는 것일까?

어떤 사람들은 그저 '그렇게 되어 있으니까~.'라고 쉽게 말한다. 수학자들이 왜 5를 위쪽으로 올리는 반올림법을 만들었는지 나는 궁금하다. 그래서 인터넷, 책을 뒤져 보고 엄마, 아빠에게도 물었다. 나는 그제야 궁금증이 풀렸다. 5가 올라가는 이유는 5가 숫자 중의 딱 반이라는 이유로 그 크기를 크게 봐서 올려줬다고 판결이 났단다.

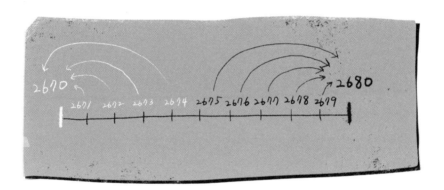

2010년 8월 13일 날씨 : 비 옴. 〈정휘의 수학일기〉

반올림은 0, 1, 2, 3, 4는 버리고, 5, 6, 7, 8, 9는 올림을 하는 것이다. 그런데 5는 왜 올림을 할까?

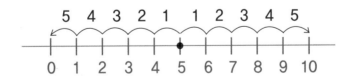

위와 같이 수직선을 그리면 5는 10까지 5칸 0까지 5칸으로 똑같이 5칸이다. 그런데 왜? 왜? 5는 올림을 할까?

아래 그림은 올림과 버림의 수를 맞추기 위해 5를 올림에 속하게 했다는 가설을 설명하는 것이다.

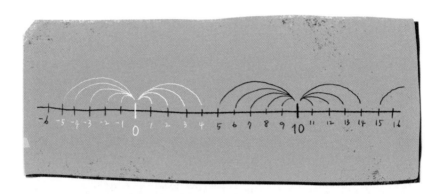

5를 올림으로 한 이유는 전체적으로 봤을 때 하나의 점에 모이는 수가 똑같아지기 때문이다.

학교에서 아주 쉽고 간단하게 배웠던 반올림도 그 세계가 끝이 없는 것 같다. 앞으로도 이런 수학일기를 통해 수학의 깊은 뜻을 느껴야겠다.

지금까지 수학일기의 여러 사례와 수학일기의 장점에 대해서 알아봤어. 이번엔 수학일기의 효과를 높일 수 있는 방법을 소개할게. 수학일기의 효과를 높이는 방법 중 하나는 수학일기를 읽고 다른 사람이 주는 느낌과 의견이야. 선생님이 적어 주시는 한마디나 "재미있네." "넌 이런 생각도 하는구나." "맞아, 나도 이런 문제로 고민했던 적 있어." 등과 같이 같은 친구들 사이의 의견도 효과가 있어. 수학은 내가 아는 것도 중요하지만, 내가 아는 것을 남한테 쉽고 재미있게 가르칠 줄 아는 것도 실력을 점검하고 쌓는 데 중요하기 때문이야.

다른 사람이 쓴 수학일기가 마음에 들지 않을 수도 있지만 잘된 점을 칭찬해 가면서 읽어 보렴.

선생님, 부모님과 함께 읽어요!

아이들이 수학일기에 모르는 부분이나 어려운 문제를 적어 놓았을 때, 선생님이 그것을 해결할 약간의 힌트를 주시면 아이들은 마치 일대일 지도를 받는 것과 같은 효과를 누릴 수 있습니다. 이것은 직접적인 피드백을 받는 것이어서, 수학을 싫어하거나 자신 없어 하는 중위권 학생들의 수학 실력이 빨리 향상될 수 있게 합니다. 선생님이 피드백을 해 주시는 데 시간상의 어려움이 생겨 수학일기 점검이 여의치 않을 때는 방학 숙제로 수학일기를 내 준 후 방학 과제 점검으로 피드백해 주셔도 좋답니다.

또 부모님이 직접 수학일기에 대한 피드백을 하는 것도 생각만큼 어렵지 않습니다. 어쩌면 수학 문제집 채점하는 것보다 수월한 일이면서 동시에 더 많은 효과를 얻게 할 수도 있지요. 아이들은 수학 문제의 맞고 틀림을 엄마한테 점검받기보다는, 엄마가 자신이 갖고 있는 수학에 대한 고민을 이해해 주고 공감해 주는 데 더 만족하고 용기를 얻을 수 있기 때문입니다.

일반적으로 부모님들은 학창시절의 기억 때문에 수학에 대해서만큼은 무작정 아이들을 학원이나 과외에 맡기는데, 직접 가르치지 않고 수학에 대해 같이 얘기하고 아이들의 설명을 듣기만 해 줘도 아이들의 수학 공부에는 상당한 도움이 됩니다. 자녀가 수학일기 쓰는 것을 관찰하고 수학일기를 읽어 보면서 자녀가 어려워하는 부분에 공감하고, 자녀가 알고 있는 것을 표현하도록 유도한다면 그것 자체가 바로 훌륭한 피드백인 거지요. 아이들은 부모님의 관심을 먹고 자라는 존재이기 때문입니다.

4장

이런 저런 수학일기

1908년 8월 10일 〈라마누잔의 일기〉

제목 : 우연히 만난 재미난 숫자

요즘 몸이 안 좋아서 병원에 입원해 있다. 병원에 있다 보니 마음도 답답하고 내가 좋아하는 수학 공부도 못해서 심심하다. 그런데 나를 늘 도와주는 하디 교수가 문병 와서는 자신이 타고 온 택시 번호가 1729라고 재미없는 수라고 했다. 그래서 이유를 물었더니 1729는 13×133이라서 사람들이 싫어하는 13이라는 숫자가 두 번이나 들어가서 불길하다는 것이었다. 그런데 곰곰이 생각해 보니 1729는 의외로 재미있는 수였다. 그래서 하디 교수에게 그 이유를 설명해 줬다. 1729는 1×1×1+12×12×12로도 나타낼 수 있고 9×9×9+10×10×10으로도 나타낼 수 있는 재미있는 수라고 말했다. 그랬더니 하디 교수가 많은 흥미를 보였다. 택시 번호판에 있는 숫자 1729 덕분에 재미있는 생각을 해 볼 수 있어서 좋았다.

스리니바사 아이양가르 라마누잔(1887~1920)

인도 출신의 수학자다. 라마누잔은 어렸을 때부터 수학에 천재성을 나타냈으며 고교까지는 성적이 우수했으나, 대학에 입학한 이후 수학 이외의 모든 과목에서 낙제를 하여 중퇴했다. 정수론 분야에서 중요한 업적을 남겼다. 원주율을 비롯한 수학 상수, 소수, 분할함수(partition function) 등을 응용한 합 공식(summation)을 많이 발견한 것으로 유명하다.

1786년 5월 10일 〈가우스의 일기〉

제목 : 1부터 100까지 숫자의 합

학교에서 수학 수업시간에 선생님이 갑자기 이상한 문제를 내셨다. 1부터 100까지의 모든 수를 더하라는 것이었는데, 다른 학생들은 1부터 차례대로 그 다음 수를 더하는 방식으로 너무 힘들게 계산을 하고 있었다. 내가 보기엔 너무나 간단한 계산이었는데 이상했다. 그래서 내가 남들보다 일찍 계산을 마쳤다고 했더니 선생님이 어떻게 계산했냐고 물어봤다. 나는 그냥 맨 처음 숫자와 맨 마지막 숫자를 더한 101이 50개 있어 101×50=5050이라고 했다. 그랬더니 선생님이 놀라시는 표정으로 나를 보시더니 "우아, 대단한데!"라고 하셨다. 선생님의 칭찬에 갑자기 기분이 좋아졌다. 앞으로 수학을 더 연구해서 위대한 수학자가 되고 싶다는 생각이 들었다.

카를 프리드리히 가우스(1777~1855)

독일의 수학자이자 과학자다. 정수론, 통계학, 해석학, 미분기하학, 측지학, 정전기학, 천문학, 광학 등 많은 분야에서 크게 기여했다. '수학의 왕', '태고 이후 가장 위대한 수학자' 등으로 불리기도 하는 가우스는 수학과 과학의 많은 영역에 주목할 만한 업적을 이루었고 역사상 가장 많은 영향을 끼친 수학자로 인정받는다.

1963년 11월 3일 〈와일스의 일기〉

제목·: 페르마의 마지막 정리를 꼭 증명하고 말 테야!

오늘 나는 너무 충격적인 사실을 알았다. 벨이라는 사람이 쓴 《페르마의 마지막 정리》를 읽어 보니 페르마라는 수학자가 어떤 책의 한쪽 귀퉁이에 수학에 관련된 식을 하나 쓰고 그것을 증명했는데 공간이 너무 좁아서 풀잇법을 생략했다고 한다. 그런데 너무 간단해 보이는 그 수식을 몇 백 년 동안 역사상 위대한 수학자들이 풀어내지 못했다는 것이다. 열 살인 나도 이해할 수 있는 문제인 것 같은데.

놀라운 사실 한 가지 더! 그동안 이 문제를 못 푼 사람들이 상금을 엄청 걸어 두고 이 문제를 해결한 사람에게 주도록 했다고 한다. 이 문제를 해결한다면 내 수학 실력을 알릴 수도 있고 어마어마한 돈도 받을 수 있다니, 꼭 해결하고 싶다. 그런데 그렇게 많은 돈을 받아서 어디에 쓰지? 하하하. 이런 행복한 고민을 언젠가는 꼭 하고 말 것이다.

앤드루 존 와일스(1953 ~)
영국의 수학자이다. 1974년에 옥스퍼드 대학교의 머튼 칼리지에서 학사 학위를 받고 1979년에 케임브리지 대학교의 클레어 칼리지에서 박사 학위를 받았고, 프린스턴 대학교의 교수였다. 1994년에 (리처드 테일러의 도움으로) 페르마의 마지막 정리를 증명했다.

NO. | REVISION | DATE
P. 480 Synergetics Vol 1
90.00 R.

1608년 5월 10일 〈데카르트의 일기〉

제목 : 파리의 움직임을 좌표 안에!

오늘도 몸이 안 좋아서 침대에 누워 있는데, 파리 한 마리가 천정에 붙었다가 이리저리 돌아다니는 게 눈에 띄었다. 이렇게 파리를 보고 있다가, 문득 파리가 어느 한 곳에 앉았다가 움직여서 다른 곳으로 이동하는 것을 좌표로 나타낼 수 있지 않을까 하는 생각이 들었다. 천정의 귀퉁이를 기준으로 하여 가로축을 1, 2, 3, 4……로 나누고, 세로축도 1, 2, 3, 4……로 나누어 보면, 파리의 이동을 좌표로 표시할 수 있다. 파리의 좌표가 (1, 1) (3, 2)일 때, 두 점을 연결하면 파리가 움직인 거리는 직선에 해당된다. 좀 더 나아가 직선뿐만 아니라 사각형이나 삼각형도 이렇게 좌표로 나타낼 수 있지 않을까? 앞으로 이것에 대해서는 좀 더 면밀하게 생각해 보아야겠다. 하여튼 오늘 파리 덕분에 재미있는 생각을 할 수 있었다.

르네 데카르트(1596 ~ 1650)

어린 시절 몸이 무척 허약했다고 전해진다. 데카르트는 학문 중에서 수학만이 확실한 것으로 여겼다. 그래서 철학적 연구 부분에서도 "나는 생각한다. 고로 존재한다." 이것을 철학의 근본 기초라고 설명했다. 데카르트의 수학적 업적 중 가장 큰 것은 좌표를 이용해서 도형을 해석하여 대수(algebra)로 나타낸 해석기하학으로, 이는 근대 수학의 길을 열었다.

1646년 8월 6일 〈파스칼의 일기〉

제목 : 삼각형 세 각의 합을 구하는 쉬운 방법

며칠 동안 몸이 안 좋아서 침대에서 일어나는 일이 쉽지 않았다. 내 건강 상태를 걱정하시는 아버지를 생각해서라도 얼른 건강을 회복해야겠다. 아버지는 내 건강이 더 나빠질까 봐 수학 공부를 하지 말리는데 나는 수학이 너무 재미있고 흥미롭다.

얼마 전 궁금했던 것은 왜 예전 수학자들은 삼각형에서 세 각의 합은 180° 라는 것을 어렵게 설명했을까 하는 거였다. 다음과 같이 하면 아주 간단하게 증명이 되는데……

우선 삼각형을 아래 그림처럼 세 부분으로 자른 후 각을 서로 연결하면 항상 직선이 나오게 된다. 그러니까 항상 180° 가 나오는 것이다.

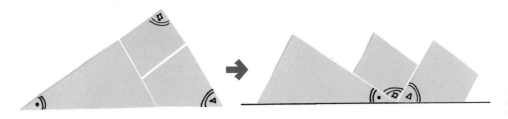

내 생각에는 내 설명이 다른 설명보다 아주 쉬운 것 같아 너무 기뻤다. 그래서 아버지에게 나의 새로운 설명 방식을 소개했더니 놀라워하면서 기뻐하셨다.

아버지가 삼각형의 세 각의 합에 대한 나의 설명을 듣고 나의 재능을 알아보셨나 보다. 오늘은 유클리드라는 수학자가 쓴 매우 유명한 《원론》이라는 책을 사서 내게 선물해 주셨다. 앞으로 이 책을 보면서 수학을 조금 더 공부해야겠다. 단, 아버지가 걱정 안 하시게끔 건강을 생각해서 쉬엄쉬엄 해야지.

블레즈 파스칼(1623 ~ 1662)

프랑스의 수학자, 물리학자, 종교 철학가이다. '파스칼의 정리'가 포함된 《원뿔곡선 시론》, '파스칼의 원리'가 들어 있는 《유체의 평형》 등 많은 수학과 물리학에 대한 글들을 발표하고 연구했다. 또한 활발한 철학적·종교적 활동을 했으며, 유고집으로 《팡세》가 있다.

2010년 4월 10일 성신초등학교 5학년 이해니

제목 : 칠교

오늘 수업에서 칠교에 관해 배웠다. 칠교란 동양의 퍼즐 놀이 중 하나로, 큰 직사각형을 직각이등변삼각형과 정사각형 등 총 7개의 조각으로 잘라서 그 조각들을 하나씩 모두 사용해 모양을 만드는 놀이이다. 이 조각들은 모두 직각삼각형을 1배, 2배, 4배 한 것이다.

그래서 각도도 다양하지 않다. 하지만 이 조각들 사이의 공통점 때문에 다양한 모습으로 모양을 만들 수 있다고 한다.

그런데 칠교 조각 중에서 왜 직각삼각형을 3배한 조각은 없는 것인지 정말 궁금하다.

2010년 3월 9일 서울불광초등학교 5학년 박진영

제목 : 생활 속의 수학

우리가 흔히 쓰는 숫자를 아라비아 숫자라고 한다. 아라비아 숫자는 7세기경 인도에서 만들어졌다고 한다. 이 숫자는 자릿수에 맞추어 숫자를 쓸 수 있고 0도 있어 실용적인 수이다. 아라비아 숫자는 물건 값을 표시할 때나 수학책의 수학 문제 등 우리의 생활에 아주 많이 쓰인다. 하지만 이 숫자 외에도 다른 것들이 있다.

피보나치수열도 쓰인다. 꽃잎, 솔방울, 해바라기 씨앗의 공간 배치 등 자연에서 자주 발견할 수 있는데 그래서 자연을 '신이 만든 수학책' 이라고 하는가 보다.

우리가 디자인 등에 많이 쓰는 '황금비율'도 그중 하나일 것이다.

황금 비율은 1:1.618의 비율인데, 이 비율이 사람의 눈으로 보았을 때 가장 아름답다고 한다. 이 비율은 파르테논 신전, 신용카드, 교과서 등에 쓰인다. 사람들은 무의식중에 황금비율을 사용한 제품을 고른다고 한다.

고학년의 수학일기

2009년 6월 10일 서울미아초등학교 5학년 손세희

제목 : 점판

선생님께서 점판으로 도형을 만들어 보라고 말씀하셨을 때, 나는 점판이 뭐지? 하며 궁금해졌다. 그런데 내가 그것을 보는 순간, 갑자기 기억이 떠올랐다.

이모네 집에서 고무줄을 가지고 투명한 틀에 난 고리에 고무줄을 걸어 도형을 만들며 놀던 게 바로 점판이었다. 고무줄을 가지고 장난치다 고무줄이 끊어져 놀라서 울던 때가 생각났다. 그 뒤로는 점판을 만져 볼 엄두를 내지 못한 것이다.

나는 점판을 친구들에게 돌리고 나서 자리에 앉아 조심스레 고무줄을 당겨 정삼각형, 삼각형, 정사각형 등을 만들어 보았다. 고무줄이 많이 뻑뻑했지만 조심조심 당기니까 끊어지지는 않았다.

고무줄이 많이 뻑뻑하면, 몇 번 상하좌우로 당겨 준 뒤에 사용했다. 그러면서도 혹시 그때처럼 끊어지지 않을까 걱정이 되기도 했다. 그러나 점점 두려움이 없어졌다.

나는 지금까지 만들어 본 여러 다각형을 공책에 적고 그렸다. 왠지 점판 놀이를 통해 다각형과 한 몸이 된 듯했다. 너무 재미있었다.

고무줄을 한손으로 팅기며 글씨를 쓰고 있는데 선생님이 이렇게 물으셨다.

"칠각형을 어떻게 만드는지, 그러니까 최소 칠각형을 어떻게 만드는지 설명해 볼 사람?"

그때 나는, "선생님……, 그냥 최소 팔각형에서 한 각을 빼면 안 될까요? 최소 팔각형은 선생님이 잘 아실 테고요." 라고 질문했다.

선생님께서는 그 말도 말이 된다고 하시며 깔깔 웃으셨다.

참 재미있는 날이었다.

2010년 5월 16일 서울돈암초등학교 6학년 공윤수

제목 :《수학콘서트》를 읽고

《수학콘서트》는 주로 일상에서 볼 수 있는 수학과, 수학과 관련된 인물들을 소개해 주는 책이다. 그중에 기억에 남는 부분은 '명화 속에 깃든 수학'이었다. 유명한 화가 라파엘로가 그린 그림〈아테나 학당〉에는 수많은 그리스 학자들이 나온다. 그중 아리스토텔레스와 대화하는 모습으로 중앙에 그려져 있는 플라톤은 아주 멋진 말을 남겼다.

'인간이 수학을 공부해야 하는 본질적인 이유는 수학을 현실에서 유용하게 써먹기 위해서가 아니라 수학이 영혼을 진리와 빛으로 이끌어 주는 학문이기 때문이다.'

이 말은 수학을 배우면 논리적인 능력을 키울 수 있고 생각하는 즐거움을 얻을 수 있다고 말하는 것 같다.

좋은 성적을 위해서만 수학을 열심히 하려고 했던 내 마음가짐을 바꾸는 계기가 되었다.

또 기억에 남는 것이 짱구 그리기다.

142

사실 처음에 보았을 때 짱구의 얼굴에 어
딘가 어색한 느낌이 있었지만 함수를
이용해서 그림을 그린다는 것이 신기
했다.

짱구의 특징은 동그란 얼굴에 튀어나
온 볼살이다. 책에서는 이 모양을 그리기 위해서 각각 다른 관계식을
이용해야 한다고 했다. 나는 이 책을 읽기 전에는 재미없을 줄 알았
는데, 소수나 마방진, 함수 등 새로운 수학 개념들을 인상 깊으면서도
쉽게 배웠다. 알고 보니 참 재미있는 책이었다.

2010년 12월 5일 서울돈암초등학교 6학년 김보람

제목 : 삼각수와 사각수

내가 좋아하는 책 중에 《수학귀신》이라는 책이 있다. 이 책에는 여러 가지 수학 개념이 나온다. 그중에서 삼각수와 사각수에 대해 읽고 나는 처음에 삼각형의 변과 꼭짓점 이야기를 뜻하는 줄 알았다(물론 사각형도 마찬가지였다). 그런데 알고 보니 수열을 뜻하는 것이었다. 책에서는 이것을 숫자 대신 그림으로 나타냈다. 볼링 핀에서 삼각수를 찾을 수 있다.

예를 들어 삼각수의 수열을 나타내면 다음과 같다.

1, 3, 6, 10, 15, 21, 28······, 이렇게 계속 이어진다.

그럼 위 수열의 특징을 각각 하나씩 나타내겠다.

1) 처음에는 2, 3, 4, 5 이렇게 처음에 늘어난 수보다 1씩 더 커진 채로 늘어나고 있다.

1, 3, 6, 10, 15, 21······
2 3 4 5

2) 숫자는 몇 번째냐에 따라서 달라진다. 예로 15는 5번째 수인데 5+4+3+2+1처럼 그 번째 수 이하의 자연수의 합을 하면 삼각수가 나온다.

사각 수열의 특징은 다음과 같다.

1, 4, 9, 16, 25, 36, 49……, 이렇게 계속 이어진다.

1) 이것은 3, 5, 7……처럼 늘어나는 수가 2씩 커진 채로 늘어난다.

$$1, \quad 4, \quad 9, \quad 16, \quad 25……$$
$$3 \quad 5 \quad 7 \quad 9$$

2) 이번 것은 수가 몇 번째인지 보고 그 번째 수를 두 번 곱한 수이다. 예로 36은 6번째인데, 6×6=36으로 사각수가 나온다. 즉, 제곱수이다.

어쩌면 오각, 육각수도 있을지 모르겠다. 나중에 시간이 나면 그 수들도 찾아서 특징을 나열해 보아야겠다.

고학년의 수학일기

서울돈암초등학교 6학년 이현민

제목 : 서울과학축전을 다녀와서

오늘 서울시교육청에 주최하는 〈서울과학축전〉을 다녀왔다. 아래와 같이 간단하게 정리해 본다.

1. 방문한 부스

– 소마 큐브 활용한 입체퍼즐의 세계 알아보기

– 수학교구 러시아워를 활용한 문제 해결하기

– 준다면체를 이용한 축구공 만들기

– 약수 배수 시계 큐브

– 프랙털 만들기

– 블로커스 도형 퍼즐을 통한 두뇌 개발

– 뫼비우스의 띠

2. 알게 된 점

– 소마 큐브로 여러 가지 모양을 만들 수 있다.

– 약수와 배수는 여러 가지 관련이 있다.

– 프랙털은 전체를 확대하면 부분을 알 수 있다.

– 뫼비우스의 띠는 앞 뒤 구분이 없는 띠로, 일상생활에 많은 이용이

되고 있다. 특히 뫼비우스의 띠를 사용하면 양쪽 모두 사용할 수 있어서, 매우 경제적이다.

3. 느낀 점

과학 축전은 체험이 많아 재밌었다. 하지만 그다지 설명은 없어서 딱히 알게 된 점은 크게 없었다. 그리고 대부분 선생님이 말씀해 주신 거였다. 그래도 가끔 이런 축제에 가서 재밌게 공부하는 것도 좋을 것 같다.

이 과학축전에서 느낀 것은 솔직히 사람은 인내심이 있어야 할 것 같다. 물론 말만 듣는 것보다는 낫지만, 특히 준다면체를 이용한 축구공 만들기와 프랙털 만들기는 좀 답답하고 짜증나기도 했다.

그리고 약수 배수 시계 큐브 활동에서는 보기를 베꼈다. 가장 재밌는

건 뫼비우스의 띠였다. 그 안내해 주는 사람은 초등학생 같았는데 설명을 재밌게 해 줘서 뫼비우스의 띠가 제일 재밌었다. 그리고 소마 큐브는 학교에서 많이 해 봐서 좀 쉬웠다.

만약 나중에 기회가 된다면 수학뿐만이 아니라 더 재밌는 다른 과학 부스도 체험해 보고 싶다.

4. 만약 내가!

만약 내가 부스 중 하나를 만들고, 그걸 운영한다면 나는 '계산의 나라' 라는 부스를 만들고 싶다. 제목만 딱 봐서는 왠지 거부감이 느껴지겠지만 나는 그래도 계산하는 게 재밌어서 이런 걸 하고 싶다. 아, 지금 생각해 보니 이런 부스도 괜찮을 것 같다. '인도식 수학 계산으로 계산왕 되기!' 왠지 가 보고 싶은 마음이 들지 않을까? '계산왕' 하면 왠지 하고 싶은 마음이 생길 것 같다.

수학 주제

여러분의 수학일기 쓰기를 돕기 위해 수학일기의 주제를 몇 가지 소개할게요. 물론 여기에 소개하는 것이 전부는 아니에요. 여러분의 생활과 개성에 맞게 즐겁게 쓰면 돼요. 앞에서 누누이 설명했으니 설명은 이제 그만! 용기를 내서 공책을 펴고 연필을 들어 볼까요?

1. 교과서 속의 수학

1) 수학 기네스북 – 책이나 신문 등에서 본 가장 큰 수를 이용해서 글쓰기

2) 도형 찾기 – 교과서에서 배운 도형을 실생활에 찾아보기

3) 연산 – 영수증을 보고 쉽고 빠르게 계산하는 방법을 찾아보기

2. 생활 속의 수학

1) 맨홀 뚜껑의 모양 : 정폭도형

2) 두루마리 휴지 : 두루마리 휴지의 반지름과 남은 휴지와의 관계

3) 당근의 단면 : 당근을 어떻게 자르느냐에 따라 나오는 다양한 모양

4) 365일 : 1년이 365일이 아니라면?

5) 하루가 24시간이 아니라 십진법으로 만들어 10시간이라면?

6) 보온병은 왜 원기둥인가?

7) 바코드와 QR코드

8) 방음벽의 효과가 미치는 아파트 층수 : 도로에서 얼마나 떨어져 있는지, 방음벽의 높이에 따라서 소음이 심한 아파트의 층수 찾기

9) 길거리에서 수학 찾기 : 보도블록, 간판의 크기 등

10) 우리 몸과 수 : 우리 몸에 관련된 다양한 수(키, 몸무게, 혈액의 양 등)

11) 꽃잎과 피보나치수열 : 꽃잎의 수를 세어 보면서 수로 나타내 보기

12) 벌집 속의 육각형

13) 교실 : 수업시간의 규칙성, 창문 모양 등

수학자

이번엔 유명한 수학자들을 소개할게요. 선생님도 이 수학자들의 이론과 업적을 모두 다 알진 못해요. 하지만 우리의 상상을 뛰어넘는 발견과 증명을 이루어 낸 학자들도 어렸을 땐 모두 여러분 같은 아이였어요. 수학에 많은 관심을 갖고 있다면 이런 수학자들을 롤모델로 삼아 보세요!

가우스 : 19세기 전반 최고의 수학자로, 순수 수학에는 물론, 응용 수학에도 눈부신 업적을 남겨 '수학의 왕자'로 불리고 있어요. 그의 업적은 현대수학, 물리학 이외에도 오늘날의 과학 기술 분야의 발전에 커다란 비중을 차지하고 있어요. 그의 일화 중에서 어렸을 때, 1부터 10까지 구하는 방법을 생각한 것이나, 정14각형을 그리는 방법을 수로 생각한 것은 유명하죠. 1855년 78살의 나이로 세상을 떠날 때까지 수학 연구에 대한 열정으로 계속 연구하여 근대수학을 확립했어요.

갈로와 : 21세의 젊은 나이로 죽은 천재 수학자로, '방정식의 대수적 해법'을 해결했어요. 1892년 방정식에 관한 논문을 프랑스 학술원에 제출하였는데, 심사위원이 그의 논문을 잃어버렸어요. 그 후 〈방정식의 일반해에 대하여〉라는 논문을 학술원에 또 제출했으나, 이번에는 심사위원이 갑자기 죽는 바람에 논문이 행방불명되고 말았죠. 그는 온갖 불행과 비극이 겹친 가운데서도 놀랄 만한 수학적 업적을 남겼는데, 그의 업적은 그가 친구 수발레에게 보낸 편지에 기록되어 있었어요.

네이피어 : 영국의 수학자로 1614년에 우리가 고등학교 과정에서 배우는 '로그'를 발명해 복잡한 식을 간단한 덧셈으로 고쳐 계산하는 방법을 찾아냈고, 곱셈과 나눗셈을 간단하게 덧셈으로 계산할 수 있는 네이피어 막대를 발명했어요.

뉴턴 : 과학자로 많이 알고 있지만, 아르키메데스, 가우스와 함께 3대 수학자로 불릴 정도로 수학에 대한 업적이 뛰어나요. 그중 가장 유명한 것이 미분과 적분의 발견인데, 미분은 곡선에 관한 이론이고, 적분은 넓이와 부피에 대한 이론이죠. 하지만 이 발견에 대해 라이프니츠와의 우선권을 다투는 논쟁이 계속돼요.

데카르트 : 프랑스의 수학자이자 철학자로 기하학에 대수학을 접목시킨 '해석기하학'을 생각한 수학자예요. 아주 우연한 계기로 그런 위대한 발견을 하게 되었지요. 몸이 허약하여 침대에 누워 있는 시간이 많았는데, 천장에 기어 다니는 파리의 움직임을 보고 좌표를 생각해 내고, 도형을 그런 좌표평면에 옮겨서 생각하다가 해석기하학을 만들었어요.

드 모르간 : 영국의 수학자로 가우스의 뒤를 이어 괴팅겐 대학 교수로 지내면서 자신의 이름을 딴 수학 이론을 많이 만들었죠. 특히 집합에 대한 연구를 많이 해 자신의 이름을 딴 '드 모르간의 법칙'을 만들었어요.

라그랑주 : 18세기의 위대한 수학자 중에 오일러 못지않게 유명한 수학자가 있다면 바로 이 사람이에요. 특히 미터법을 만들 때 다른 사람들은 12진법을 사용하자고 주장했는데 라그랑주의 주장으로 십진법으로 사용하게 되었죠. 또한 미분 기호를 처음으로 생각한 수학자이기도 해요.

라마누잔 : 인도의 수학자로 수학에 대해 정식 교육을 완전하게 받지 못했지만, 독학으로 수학을 공부해 분배함수 등 여러 수학적 업적을 남긴 수학자예요.

라이프니츠 : 독일의 수학자로 뉴턴과 거의 같은 시기에 미적분을 생각해 내, 아직도 누가 먼저 발견했는지가 논쟁거리인 수학자예요. 그는 뛰어난 천재로 원주율인 π를 분모가 홀수인 단위분수의 덧셈과 뺄셈을 이용해서 나타낼 수 있다는

것을 발견했어요. $\pi = 1-1/3+1/5-1/7+1/9\cdots$

리만 : 영국의 수학자로 현대 수학의 발전에 많은 기여를 했어요. 특히 그가 생각한 수학이 아인슈타인에 의해 상대성이론에 응용되면서, 그 업적의 중요성이 더욱 나타나게 되었어요. 그 밖에 고등수학에서도 뛰어난 업적을 남겼어요.

뫼비우스 : 독일의 수학자로, 긴 직사각형 모양의 종이를 한 번 꼬아 붙여 만들어서 안쪽 면과 바깥 쪽 면의 구별이 없는 새로운 형태인 뫼비우스의 띠를 만들어서 수학적으로 분석한 것이 유명하죠.

바스카라 : 인도의 수학자로, 십진법의 활용에 뛰어났고 특히 피타고라스의 정리를 여러 방법을 써서 증명했어요.

베르누이 : 베르누이는 한 사람이 아니라 한 가문의 사람들이에요. 이 가문의 사람들이 확률에 대해서 많이 연구했고 또, 사이클로이드에 대해서도 연구했죠.

비에트 : 흔히 우리가 알지 못하는 수를 미지수라고 하는데, 미지수를 문자로 써서 해결한 수학자예요.

아르키메데스 : 아르키메데스 하면 수학자보다는 '유레카'라고 하는 말과 함께 부력의 원리를 발견한 과학자로 많이 알려져 있지만, 원, 다각형 같은 도형과 원기둥 같은 입체도형에 대한 연구를 체계적으로 한 고대 최고의 수학자예요.

아벨 : 노르웨이의 수학자로, 타원에 대한 연구가 뛰어났고 아벨의 정리, 아벨의 방정식 같은 수학 용어에 그의 이름이 사용될 정도로 많은 분야에서 뛰어난 업적을 남겼어요.

에라토스테네스 : 그리스의 수학자로 지구의 둘레 길이를 잰 것으로 유명해요. 소수(1과 자기 자신만을 약수로 갖는 수)를 찾는 방법을 알아냈어요.

오일러 : 18세기 가장 뛰어난 수학자로 그때까지의 수학의 여러 분야를 집대성한 수학자예요. 오일러의 업적 중에서 '한붓그리기'와 꼭짓점의 개수와 모서리의 개수, 면의 개수를 이용한 '오일러 공식'이 유명해요. 오일러는 나중에 시력을 잃게 되기까지 수학에 대한 연구를 계속해 위대한 업적을 많이 남겼어요.

유클리드 : 그리스의 수학자로 기하학의 창시자예요. "기하학에는 왕도가 없다"는 말을 남겼는데, 기하학을 공부하려면 많은 노력이 필요하다는 뜻이에요. 유클리드가 쓴 《원론》이란 책은 지금까지도 수학 교과서로 사용되고 있으며, 심지어는 《성경》과 비교될 정도로 많이 읽힌 책이에요.

카르다노 : 주사위 놀이를 수학적으로 생각한 이탈리아의 수학자예요. 확률에 대한 많은 연구를 해 자신만의 이론을 만들었어요.

코시 : 프랑스의 수학자로 19세기 현대 수학의 아버지라고 불리는 수학자예요. 엄청난 양의 연구를 한 그는 '코시의 적분 정리', '코시 수열', '코시ㆍ리만 방정식' 등 수많은 이론을 정리했어요. 그리고 그가 죽으면서 한 말이 유명한데, "사람은 죽지만 행위는 남는다." 이 말은 사람이 한 일은 사람이 죽어도 계속 남는다는 것이에요.

탈레스 : 그리스의 수학자로 그의 업적은 (1)지름은 원의 면적을 이등분한다. (2)이등변 삼각형의 두 밑각은 같다. (3)두 맞꼭지각은 같다. (4)두 쌍의 각과 그들의 사잇변이 같은 두 삼각형은 서로 합동이다. (5)지름에 대한 원주각은 직각이다. 등이에요. 초등학교에서 사용되는 수학 이론을 최초로 증명한 수학자예요.

파스칼 : 파스칼은 '위대한 수학자가 될 뻔한 수학자'로 유명해요. 그가 조금만 더 건강해서 연구를 많이 했으면 가우스를 능가하는 수학자가 될 수 있었을 것이라는 평가를 받고 있어요. 하지만 파스칼의 삼각형처럼 파스칼 나름대로의 업적도 대단해요.

페르마 : 프랑스의 수학자로 수학을 정말 취미로 했는데도 어마어마한 수학적 업적을 남겼지요. 특히, '페르마의 마지막 정리'는 1997년 앤드루 존 와일스가 해결하기 전까지는 수학자들을 몇 백 년 동안 풀지 못하는 문제로 남아 있었을 정도였어요.

푸앵카레 : 프랑스의 수학자로 수학, 광학, 전기학 등 다양한 분야에 기여를 했고 특히 우주의 원리를 설명하는 데 크게 이바지했어요. 그의 대표적인 '푸앵카레의 추측'은 2003년 러시아의 천재 수학자 페렐만에 의해 해결되었죠.

피보나치 : 이탈리아의 수학자로, 계산 능력이 아주 뛰어났어요. 그의 대표적인 '피보나치수열'은 1, 1, 2, 3, 5, 8,⋯⋯ 으로 앞의 두 수의 합이 다음 수가 되지요.

피타고라스 : 그리스의 수학자로 피타고라스학파를 이룰 정도로 수학에 대한 연구를 많이 해서 많은 업적은 남겼지요. 특히 규칙성이 나타나는 도형수나 '직각삼각형에서 빗변으로 만든 정사각형이 다른 두 변으로 만든 각각의 정사각형의 넓이의 합이 같다'는 '피타고라스의 정리'는 너무 유명하죠.

헤론 : 그리스의 수학자로 삼각형의 넓이를 구하는 독특한 방법을 찾아낸 수학자이지요. 세 변의 길이만 알면 삼각형의 넓이를 바로 구할 수 있대요.

아래는 우리나라의 수학자들입니다.

남병철과 남병길 : 조선 후기 실학자이면서 수학자인 형제로 많은 저술을 남겼어요. 우리나라 대표적인 인물들이죠. 남병길이 쓴 《구장산술》은 수학을 증명하면서 설명하고 있어요.

이임학 : 2005년에 돌아가신 분으로 우리나라 수학을 전 세계로 알리신 분으로, 그가 만든 '리군' 이론은 아직도 수학분야에서 자주 인용되는 이론이지요.

최석정 : 우리나라의 대표적인 수학자예요. 그가 쓴 《구수략》에는 마방진 등 다양한 수학 문제의 해법이 실려 있어요.

홍대용 : 조선 시대의 실학자로 수학 수준이 매우 높아 그 당시 수학의 거의 모든 부분을 다루었을 정도라고 하네요. 그 당시까지의 수학책의 미흡한 부분을 수정했고 또한 비율, 약분, 넓이 등에 대한 근대적인 표현을 하기도 했어요.

홍정하 : 조선 시대의 수학자이죠. 그가 쓴 《구일집》은 방정식에 대해 설명하고 있어요.